# 绿色食品

## 绿色防控技术指南（一）

◎ 金发忠　主编

中国农业科学技术出版社

图书在版编目（CIP）数据

绿色食品绿色防控技术指南 . 一 / 金发忠主编 . -- 北京：中国农业科学技术出版社，2024.1

ISBN 978-7-5116-6705-2

Ⅰ.①绿… Ⅱ.①金… Ⅲ.①粮食作物—病虫害防治—无污染技术—指南 Ⅳ.① S435-62

中国国家版本馆 CIP 数据核字（2024）第 028658 号

| | |
|---|---|
| **责任编辑** | 史咏竹 |
| **责任校对** | 马广洋 |
| **责任印制** | 姜义伟　王思文 |

| | |
|---|---|
| **出 版 者** | 中国农业科学技术出版社 |
| | 北京市中关村南大街 12 号　　邮编：100081 |
| **电　　话** | （010）82105169（编辑室）　（010）82106624（发行部） |
| | （010）82109709（读者服务部） |
| **网　　址** | https://castp.caas.cn |
| **经 销 者** | 各地新华书店 |
| **印 刷 者** | 北京地大彩印有限公司 |
| **开　　本** | 148 mm×210 mm　1/32 |
| **印　　张** | 8 |
| **字　　数** | 201 千字 |
| **版　　次** | 2024 年 1 月第 1 版　2024 年 1 月第 1 次印刷 |
| **定　　价** | 58.00 元 |

# 《绿色食品绿色防控技术指南（一）》
# 编委会

主　　编　金发忠

统筹主编　张志华　张　宪

技术主编　马　雪　宋　晓

副 主 编　唐　伟　刘艳辉　乔春楠

**主要编撰人员**（按姓氏笔画排序）

| | | | | |
|---|---|---|---|---|
| 于　璐 | 王少丽 | 毛品宇 | 卞立平 | 卢海燕 |
| 田素波 | 史彩华 | 付乐启 | 白红武 | 冯世勇 |
| 朱卫红 | 朱红业 | 朱红青 | 伏成秀 | 刘学锋 |
| 许　琦 | 孙晓明 | 孙爱东 | 李梦雨 | 杨明英 |
| 杨佩文 | 杨济达 | 何　鑫 | 余伟才 | 余向阳 |
| 张　庆 | 张友军 | 林曼曼 | 赵林萍 | 赵晓晨 |
| 胡永军 | 胡莹莹 | 胡晓丹 | 贾松涛 | 夏海波 |
| 钱琳刚 | 徐　伟 | 高旭辉 | 陶　燕 | 黄继勇 |
| 程少敏 | 焦必宁 | 谢学文 | 谢雅晶 | 樊恒明 |

CONTENTS | **目 录**

## 绿色食品 **韭菜** 绿色防控技术指南

## 1 生产概况

　　韭菜为百合科葱属的多年生宿根草本植物，是我国的一种特色蔬菜，并有一定的药用价值。在我国，韭菜的种植面积约为540万亩，在江苏、广东、山东、四川、河北、甘肃、安徽、河南等省份均种植面积较大，可露地栽培，也可保护地栽培。目前，韭菜绿色生产中尚存在一些突出问题，例如，病虫害为害严重，绿色防控技术不科学、不完善或某些高效防控技术未得到有效推广等，影响了韭菜的产品质量，故制定其病虫草害绿色防控技术指南如下。

## 2 常见病虫草害

### 2.1 病害

　　灰霉病（病原为葱鳞葡萄孢菌）、疫病（病原为烟草疫霉菌）。

## 2.2 虫害

韭菜迟眼蕈蚊（幼虫称为韭蛆）、蓟马（优势种为葱蓟马）、蚜虫（优势种为葱蚜）、葱须鳞蛾、韭萤叶甲和葱黄寡毛跳甲等。

## 2.3 草害

反枝苋、马齿苋、马唐、牛筋草、狗尾草等。

# 3 防治原则

按照"预防为主、综合防治"的植保原则，在做好田间监测的基础上，采用农业措施、栽培防病、物理防治、生物防治以及科学合理的化学防治相结合的绿色综合防控技术，实现控制韭菜病虫害并达到韭菜安全生产的目的。

# 4 农业防治

## 4.1 抗性品种

选用对灰霉病、韭蛆等病虫害具有抗性的韭菜品种，有利于延缓或减轻病虫害的发生，也是一种最为经济有效的病虫害防控措施。目前，生产上可以因地制宜选择直立性强、叶鞘较长、叶色浓绿的具有一定抗病虫特性的韭菜品种，如久星 16 号、久星 18 号、久星 25 号、辽韭 1 号、平韭 6 号、平丰 8 号、韭状元、韭宝、绿宝、棚宝、航研 998 等。

## 4.2 种子处理

在播种前 4～5 天，把种子用 40℃的温水浸泡 24 小时后，放在清水中搓洗，去除瘪籽，稍晾干后用湿布包裹，在 15～20℃ 的温度下催芽。

## 4.3 田园管控

### 4.3.1 健身栽培

培育壮苗，定植时剔除带虫的韭苗，选择健壮植株移栽。定植时每亩 [①] 施有机肥 5000 千克，氮、磷、钾含量各占 15% 的硫酸钾型三元复合肥 50 千克，深翻 30 厘米，耙碎整平；收割次数不宜过频，冬春季可收割 3～4 次，秋季收 2～3 次，收割时间间隔应在 30 天以上，收割后要及时追肥；夏季控制灌水，注重养根，促进健苗；韭菜生产中根据墒情补水时尽量小水浇灌，防止淹水、积水和串灌。连阴雨季，棚室栽培放下棚膜避雨，多雨地区宜进行高畦栽培；露地栽培中，雨后及时排水，降低土壤湿度，预防根腐病等病害发生。

### 4.3.2 田园清洁

种植前深翻土壤以及中耕锄草，均可杀死部分害虫。韭菜收割后，及时清除田间病黄老叶和杂草；还可于收割后采取撒施草木灰、地面覆网或覆沙等阻隔措施减少韭蛆成虫产卵。韭菜生长过密时须去除行间老叶，提高田间通风透光能力，并及时扶正倒伏韭株。夏季和秋季要及时清除田间及周边杂草；病残体也是韭菜疫病等传播的主要病源，须将病残体及杂草等及时清理、带出田外，并集中深埋、沤肥或销毁，这是减少后茬韭菜发病的关键措施。

### 4.3.3 放风降湿

当种植韭菜的棚室内空气湿度在 80% 以上，温度在 25℃ 以

---

① 1 亩≈667 米², 全书同。

上时，须及时放风排湿。放风应选择在晴朗的中午进行，风口大小及放风时间可根据实际情况灵活掌握，避免叶片有结露等明水现象。该措施可明显降低保护地栽培中灰霉病和疫病等高湿病害的发生程度。

### 4.3.4　浇封冻水

冬季在田间浇灌 5～10 厘米的封冻水，降低来年韭蛆的发生基数。

## 4.4　合理轮作

新种植韭菜的田块不与老韭菜田块连作；选择 3 年及以上未种植葱蒜类蔬菜的田块进行韭菜育苗或移栽；或每 3～4 年韭菜与非百合科植物进行 1 次轮作，或实行水旱轮作，或与玉米、豇豆、花生、辣椒等其他非寄主植物轮作，该措施可有效减少韭蛆为害，降低病害发生程度。

# 5　物理防治

## 5.1　高温覆膜

割除韭菜，茬口尽量与地面持平；选择太阳光照强烈的晴好天气，在割掉韭菜的地表铺一层透光性好、膜上不起水雾的浅蓝色无滴膜，膜的面积要大于田块面积，四周用土壤压盖严实，并超出田块边缘 40～50 厘米；覆膜 1 天（若天气阴或温度低可延长覆膜时间）后揭膜，待土壤温度降低后浇水缓苗。

## 5.2　糖醋液诱杀

在韭蛆成虫发生期，每亩韭菜地放置 3 个盛有糖醋液（糖、醋、水的比例为 3∶3∶14，加少量菊酯类农药）的水盆，并随时添加糖醋液，诱杀成虫并定时清理诱集到的害虫。每周更换一次糖醋液。

## 5.3　防虫网阻隔

针对保护地栽培田块，可在棚室的通风口处设置 40～60 筛目的防虫网，防止韭蛆、有翅蚜、叶甲、跳甲、葱须鳞蛾等成虫迁入棚室内产卵为害。

## 5.4　粘虫板诱杀

韭蛆成虫发生期，在每亩韭菜田块悬挂 15～40 块黑色粘虫板（规格为 20 厘米 ×30 厘米），板底离地面 10 厘米左右。对于蓟马和蚜虫为主的田块，可选择悬挂黄色粘虫板进行诱杀；蓟马为优势种的田块，可选择悬挂蓝色粘虫板进行诱杀。粘虫板上沾满害虫或者失去黏性时及时进行更换。如果释放天敌昆虫，应在释放前摘除粘虫板。

## 5.5　器械控害

葱须鳞蛾成虫羽化期，在连片种植的韭菜田悬挂频振式杀虫灯，每 1～2 公顷挂 1 盏灯，接虫口距离地面 100～150 厘米为宜；或设置性诱剂进行诱杀，挂放高度高于地面 80～100 厘米，1 个月更换一次诱芯，减少田间落卵量，减少幼虫数量。

如有条件，可在棚室内悬挂多功能植保机，其产生的臭氧快速扩散到整个空间，对于灰霉病、疫病及虫害等均有杀灭作用，可控制面积 500～800 米$^2$。

## 6　生物防治

### 6.1　生物药剂防虫

韭蛆幼虫低龄期时，每亩采用 200 亿 CFU/克的球孢白僵菌可分散油悬浮剂 400～500 毫升，与细土混匀后撒施在韭菜基部，在初见韭蛆为害时撒施 1 次；或以 2 亿 CFU/克的金龟子绿僵菌 CQMa421 颗粒剂 4～6 千克，采用沟施或穴施方式防控韭蛆；或选择 0.5% 苦参碱水剂 1000～2000 毫升/亩、0.5% 印楝素乳油 800～1600 毫升/亩进行灌根，防控韭蛆。可以采用苦参碱叶面喷雾防治蚜虫。

### 6.2　天敌生物防虫

蚜虫为主的田块，可释放瓢虫、食蚜蝇、食蚜瘿蚊、小花蝽、草蛉等天敌进行防治。蓟马为主的田块，可根据当地条件选择释放胡瓜新小绥螨、东亚小花蝽等进行防治。昆虫病原线虫可用于防控韭蛆，选择阴雨天气或早晚阳光较弱时施用。春秋季节当地温达到 15～25℃时，每亩投放约 1.0 亿条昆虫病原线虫，操作时先将昆虫病原线虫放入 100 升水中配成母液，喷淋在韭菜根部，再对韭菜田块进行灌溉。释放天敌后，尽量不施用化学药剂，以免杀伤天敌。

## 7　化学防治

### 7.1　韭菜病害

韭菜病害的化学防治应将发病前预防措施和发病初期防治措施相结合。若韭菜生长后期发病，应及时收割。

灰霉病

在韭菜收割后 3～4 天、伤口愈合后，选用腐霉利、嘧霉胺、咯菌腈等化学药剂，参照标签说明上的使用剂量，如 40% 嘧霉胺悬浮剂 50～75 毫升 / 亩、50% 腐霉利可湿性粉剂 40～60 克 / 亩或 50% 咯菌腈可湿性粉剂 15～30 克 / 亩，可适当添加有机硅或橙皮精油等助剂，进行喷雾防治。棚室栽培的韭菜可采用上述药剂使用精量电动弥粉机进行喷粉防治，喷粉结束后，关闭通风口和门窗 8 小时。棚室栽培的韭菜灰霉病防控，除喷雾外，也可熏烟，即在韭菜收割后 3～4 天、伤口愈合后，采用 15% 腐霉利烟剂 200～333 克 / 亩，密闭棚室点燃熏烟，烟剂须在棚室内均匀分散放置。一般于下午或傍晚放帘前点燃，5～10 小时后可起棚通风，通风换气半小时后方可入内工作。不可随意加大用药量，尤其在小拱棚用药时应注意预防药害风险。腐霉利每季最多使用 1 次，嘧霉胺、咯菌腈每季最多使用 3 次，严格把控使用次数以及最后一次使用到采收的安全间隔期。

## 7.2 韭菜虫害

虫害防控应做好田间监测，在虫害发生初期及虫态低龄期及时施药防控。

### 7.2.1 韭蛆

露地栽培的韭菜，春秋两季是为害盛期，应在发生初期施药防控。

药土法防治韭蛆时，宜在上茬韭菜收割后第二天采用 10% 吡虫啉可湿性粉剂按照每亩 200～300 克拌细土撒施，或在韭蛆发生初期采用 2% 吡虫啉颗粒剂 1000～1500 克 / 亩拌细土撒施。药土法具体操作：将上述药剂按每亩用量混拌细土 30 千克，均匀撒施于土表，撒施后立即覆土，随后顺垄浇水，确保药剂足以渗入韭菜鳞茎部（约地面 5 厘米以下），即施药后须保持一定的土壤湿度。每季最多施用 1 次。

韭蛆在地下为害，登记用于灌根防治的化学药剂种类较多，每亩可选用 10% 虫螨腈悬浮剂 1000～2000 毫升、10% 虱螨脲悬浮剂 150～250 毫升、25% 噻虫嗪水分散粒剂 180～240 克、50% 灭蝇胺可湿性粉剂 200～300 克、5% 氟铃脲乳油 300～400 毫升、20% 吡虫·辛硫磷乳油 500～750 克、20% 虫螨腈·灭蝇胺悬浮剂 100～150 克等，于韭蛆发生初期、韭菜收割 2～3 天后，对韭菜根部进行喷淋施药，施药后浇水一次。具体操作：将推荐的药剂配成 100 升母液装入喷雾器桶中，拧下喷头，对准韭菜基部逐株喷淋，待药剂稳定后向田间浇水，水面升至距离地面表层 5 厘米左右时停止浇灌。上述药剂应轮换施用。

防控韭蛆还可选择在休割期进行灌药防治。若计划在春季或秋季收割韭菜，也可以在春季或秋季最后一茬韭菜收割后采用上述药剂灌根施药，以防治夏季或冬季的韭蛆。

### 7.2.2 蓟马

当田间百株韭菜叶片上的蓟马数量达 50～100 头时，及时施用化学药剂。可用 25% 噻虫嗪水分散粒剂 10～15 克／亩进行全株均匀喷雾处理。应注意，蓟马活动性和为害隐蔽性都很强，施药时可适当添加农用喷雾助剂。若在棚室内施药，可以采用熏蒸与叶面喷雾相结合的施药方法。

### 7.2.3 蚜虫

蚜虫发生期内，采用 4.5% 高效氯氰菊酯乳油 15～30 毫升／亩进行喷雾防治。蚜虫化学防治应抓住点片发生阶段，采取"发现一点、喷施一圈"的方式进行防治，及时控制其扩散蔓延。

#### 7.2.4 葱须鳞蛾

葱须鳞蛾化学防治应抓住低龄幼虫发生期，及时采用 3% 甲氨基阿维菌素苯甲酸盐微乳剂 10～13 毫升 / 亩或 4.5% 高效氯氰菊酯乳油 30～50 毫升 / 亩等喷雾防治。需要注意的是，夏季养根期也是葱须鳞蛾的发生盛期，此时不能放松对韭菜的管理，反而要注重对该虫的防控。上述药剂每季最多用 1 次。

#### 7.2.5 韭萤叶甲和葱黄寡毛跳甲

幼虫、成虫发生期，可选择 4.5% 高效氯氰菊酯乳油 10～20 毫升 / 亩进行喷雾防治。重点防治其低龄幼虫期，为害严重时应尽快收割韭菜。每季最多施用 1 次。

### 7.3 韭菜草害

韭菜播后苗前或育苗移栽前，用 330 克 / 升二甲戊灵乳油 100～150 毫升 / 亩，兑水后对土壤表面进行土壤封闭除草。

# 附录A 韭菜主要病虫害及其为害症状

韭菜主要病虫害及其为害症状如图所示。

韭菜灰霉病白点型（左）和干尖型（右）

韭菜疫病症状（左）及弥粉机喷粉防控小拱棚韭菜疫病（右）

韭蛆为害韭菜根部（左）及受害韭菜叶部发黄（右）

蓟马为害韭菜（左）及受害韭菜叶部白斑（右）

蚜虫为害韭菜（左）及受害韭菜植株症状（右）

葱须鳞蛾幼虫为害韭菜（左）及受害韭菜叶部症状（右）

韭萤叶甲（左）及其田间为害状（右）

葱黄寡毛跳甲成虫（左）及其田间为害状（右）

# 附录 B 韭菜主要病虫草害防治推荐 农药使用方案

可用于防治韭菜病虫草害的部分药剂及其使用方法详见下表。

**韭菜主要病虫草害防治推荐农药使用方案**

| 防治对象 | 防治时期 | 农药名称 | 使用剂量 | 施药方法 | 安全间隔期（天数） |
|---|---|---|---|---|---|
| 灰霉病 | 发病前或发病初期 | 40% 嘧霉胺悬浮剂 | 50～75 毫升/亩 | 喷雾 | 14 |
| | 发病前或发病初期 | 50% 腐霉利可湿性粉剂 | 40～60 克/亩 | 喷雾 | 30 |
| | 发病前或刚见零星病斑时 | 50% 咯菌腈可湿性粉剂 | 15～30 克/亩 | 喷雾 | 14 |
| | 病害发病前或初期 | 15% 腐霉利烟剂 | 200～333 克/亩 | 点燃放烟 | 30 |
| 韭蛆 | 发生初期 | 0.5% 苦参碱水剂 | 1000～2000 毫升/亩 | 灌根 | |
| | 发生初期 | 200 亿 CFU/克球孢白僵菌可分散油悬浮剂 | 400～500 毫升/亩 | 药土法 | |
| | 发生初期 | 0.5% 印楝素乳油 | 800～1600 毫升/亩 | 灌根 | |
| | 发生初期 | 2 亿 CFU/克金龟子绿僵菌 CQMa421 颗粒剂 | 4～6 千克/亩 | 沟施或穴施 | |

（续表）

| 防治对象 | 防治时期 | 农药名称 | 使用剂量 | 施药方法 | 安全间隔期（天数） |
|---|---|---|---|---|---|
| 韭蛆 | 发生初期 | 70% 辛硫磷乳油 | 350～570 毫升/亩 | 灌根 | 14 |
| | 发生初期 | 2% 吡虫啉颗粒剂 | 1000～1500 克/亩 | 撒施 | 14 |
| | 发生初期 | 10% 吡虫啉可湿性粉剂 | 200～300 克/亩 | 药土法 | 14 |
| | 发生初期 | 25% 噻虫嗪水分散粒剂 | 180～240 克/亩 | 灌根 | 14 |
| | 发生初期 | 10% 虫螨腈悬浮剂 | 1000～2000 毫升/亩 | 灌根 | 14 |
| | 发生初期 | 5% 氟铃脲乳油 | 300～400 毫升/亩 | 灌根 | 14 |
| | 发生初期 | 10% 虱螨脲悬浮剂 | 150～250 毫升/亩 | 灌根 | 14 |
| | 发生初期 | 50% 灭蝇胺可湿性粉剂 | 200～300 克/亩 | 灌根 | 14 |
| | 发生初期 | 4.5% 高效氯氰菊酯乳油 | 35～50 毫升/亩 | 喷雾 | 10 |
| | 发生初期 | 20% 吡虫·辛硫磷乳油 | 500～750 克/亩 | 灌根 | 10 |
| | 发生初期 | 20% 虫螨腈·灭蝇胺悬浮剂 | 100～150 克/亩 | 灌根 | 14 |
| 蚜虫 | 发生初期 | 0.5% 苦参碱水剂 | 150～225 毫升/亩 | 喷雾 | |
| | 发生初期 | 4.5% 高效氯氰菊酯乳油 | 15～30 毫升/亩 | 喷雾 | 10 |

（续表）

| 防治对象 | 防治时期 | 农药名称 | 使用剂量 | 施药方法 | 安全间隔期（天数） |
|---|---|---|---|---|---|
| 蓟马 | 发生初期 | 25% 噻虫嗪水分散粒剂 | 10～15克/亩 | 喷雾 | 14 |
| 葱须鳞蛾 | 低龄幼虫发生期 | 3% 甲氨基阿维菌素苯甲酸盐微乳剂 | 10～13毫升/亩 | 喷雾 | 14 |
| 葱须鳞蛾 | 低龄幼虫发生期 | 4.5% 高效氯氰菊酯乳油 | 30～50毫升/亩 | 喷雾 | 10 |
| 韭萤叶甲 | 低龄幼虫发生期 | 4.5% 高效氯氰菊酯乳油 | 10～20毫升/亩 | 喷雾 | 10 |
| 葱黄寡毛跳甲 | 低龄幼虫发生期 | 4.5% 高效氯氰菊酯乳油 | 10～20毫升/亩 | 喷雾 | 10 |
| 杂草 | 播后苗前 | 330 克/升二甲戊灵乳油 | 100～150毫升/亩 | 土壤封闭 | |

注：农药使用方法以最新版本 NY/T 393《绿色食品 农药使用准则》的规定为准。

# 绿色食品 辣椒
## 绿色防控技术指南

## 1 生产概况

辣椒属于茄科辣椒属，为大宗蔬菜作物，在我国各地均有种植，全国种植面积约 3500 多万亩，其中贵州、河南、云南、山东、江苏、湖南、广东、四川、江西、安徽、湖北等省份播种面积均超过 100 万亩，有露地种植和保护地种植。为了贯彻辣椒绿色生产并保障其产品质量，制定辣椒病虫草害绿色防控技术指南如下。

## 2 常见病虫草害

### 2.1 病害

立枯病（病原为立枯丝核菌）、猝倒病（病原为腐霉菌）、疫病（病原为辣椒疫霉菌）、灰霉病（病原为灰葡萄孢菌）、疮痂病（病原为油菜黄单胞菌）、细菌性叶斑病（病原为丁香假单胞杆菌）、白粉病（病原为辣椒拟粉孢菌）、炭疽病（病原为炭疽病菌）、枯萎病（病原为尖孢镰孢菌）、青枯病（病原为茄科雷尔氏菌）、病毒病等。

## 2.2 虫害

蚜虫（优势种类为桃蚜）、烟粉虱、蓟马（优势种类包括西花蓟马和花蓟马）、侧多食跗线螨（又称茶黄螨）、烟青虫、甜菜夜蛾等。

## 2.3 草害

马唐、马齿苋、牛筋草、香附子、打碗花等。

## 3 防治原则

对于辣椒病虫害的防控，应按照"预防为主、综合防治"的植保原则，在做好田间监测的基础上，采用农业措施、栽培措施、物理防治、生物防治以及科学合理的化学防治相结合的绿色综合防控技术，实现对辣椒病虫害的高效防控，同时保障辣椒的绿色健康生产。

## 4 农业防治

### 4.1 抗性品种

根据各地栽培习惯及市场需求因地制宜选用抗性品种，这是一种最为经济有效的病虫害防控措施，可显著减轻病虫害的发生。目前，生产上可以选择辣优 4 号、辣优 9 号、湘研 1 号、湘研 9 号、中椒 220 等抗疫病品种，湘辣 1 号、湘辣 4 号、湘研 11

号等抗 / 耐炭疽病品种，中椒 105、中椒 106、中椒 107、中椒 115 等抗辣椒轻斑驳病毒及抗番茄斑点萎蔫病毒品种，中椒 2108 号等抗辣椒疮痂病品种。

## 4.2　种子处理

选种时应选择无病种子并进行种子消毒。辣椒播种前用 55℃ 温水浸种 15 分钟；或先将种子浸泡于冷水中 10～12 小时，再用 1% 硫酸铜浸种 5 分钟，冲洗干净后备用，还可拌入少量熟石灰或草木灰后播种，防治辣椒炭疽病。辣椒枯萎病的种子处理方法见 6.1。

## 4.3　田园管理

### 4.3.1　培育壮苗

育苗房与生产田分开，防止病虫害在育苗房和生产田之间扩散迁移。选用无病土育苗，或进行床土消毒（将育苗基质或培养土保持 70～90℃ 高温消毒 1 小时）。定植时剔除弱苗和病苗。

### 4.3.2　合理轮作

辣椒应避免与茄果类、瓜类蔬菜连作，提倡与十字花科蔬菜、葱蒜韭类蔬菜或禾本科作物等实行 3 年以上轮作，有条件的进行水旱轮作效果更好。露地种植的辣椒可间作高秆作物（如玉米等），隔离传毒媒介蚜虫、烟粉虱等，减轻病毒病发生，还可有效减少辣椒疫病、炭疽病的发生。

### 4.3.3　防病除虫除草

及时摘除带有病虫的病叶、病果等，拔除病株，清除杂草，将其及时清理出田外，并集中深埋、沤肥或销毁。依据害虫为害习性进行人工除虫，如烟青虫 95% 的卵产于辣椒的顶尖至第四层复叶之间，结合整枝，及时打顶和打叉，可有效减少烟青虫卵量。

## 4.4 栽培防病

以保障土壤适宜湿度和科学浇水管理为重点，预防病菌侵染，提高辣椒抗病性。

### 4.4.1 通风透光

浇水少量多次，保持土壤疏松、肥沃，透气性好；合理密植，每亩 3000～3500 株，使辣椒封行后不荫蔽且果实不暴露，高温高湿地区适当稀栽，降低炭疽病发生程度；改善植株间的通风条件，提高植株抗病力。

### 4.4.2 合理施肥

增施腐熟的优质有机肥，适量增加磷肥和钾肥，合理配施微肥和生物肥，控制氮肥施用量，在辣椒秧苗 80％～90％现蕾时喷施一次叶面肥，提高植株抗病性。

### 4.4.3 高畦覆膜栽培

采用高畦地膜覆盖栽培，提倡膜下滴灌，防止田间根系部位积水和雨水反溅传播病菌；垄上覆盖地膜，可有效防除杂草，同时能阻止蓟马、斑潜蝇、烟青虫、甜菜夜蛾入土化蛹，减轻病虫害的发生。

### 4.4.4 防风降湿

雨季做好田间开沟排水、防涝，降低田间湿度。棚室栽培空气湿度大时，及时放风，排湿降温，放风应选择在晴朗的中午进行，风口大小及放风时间可根据实际情况灵活掌握，该措施可明显降低保护地疮痂病、疫病等高湿病害的发生程度，同时要避免夜间结露和白天空气干燥。

# 5 物理防治

## 5.1 土壤高温消毒

夏季棚室栽培利用太阳能进行土壤消毒。定植前深翻晒垄。设施栽培在夏季休闲期间，先深翻、松土，每 1000 米² 面积备用稻草或麦秸 2000 千克，切成 4～6 厘米长，撒于地表，根据需要撒施肥料，然后耕翻土地使原料和土壤混匀，做成多个小畦后，浇水使土壤达到饱和程度，覆盖地膜，密闭棚室 20～30 天，对疫病、枯萎病、青枯病等多种土传病害有良好防效，又有改良土壤、提高肥力的作用。

## 5.2 防虫网阻隔

针对保护地栽培田块，可在棚室的通风口处设置 40～60 筛目的防虫网，防止有翅蚜、烟青虫、甜菜夜蛾等成虫迁入棚室内产卵为害。

## 5.3 粘虫板诱杀

利用害虫的趋色性，烟粉虱、蚜虫和蓟马为害的棚室辣椒田，可选择悬挂黄色粘虫板进行诱杀。蓟马为优势种的田块，可选择悬挂蓝色粘虫板（规格为 20 厘米 × 25 厘米）进行诱杀。每亩悬挂 20～30 块，均匀分布。粘虫板垂直悬挂，下缘略高于植株上沿，并随植株生长及时进行调整。释放寄生性天敌前摘除粘虫板。

## 5.4 杀虫灯诱杀

利用蛾类昆虫的趋光性，烟青虫、甜菜夜蛾成虫羽化期，在连片种植的辣椒田悬挂频振式杀虫灯，每 1～2 公顷面积悬挂 1 盏灯。

## 6 生物防治

### 6.1 生物药剂防病

防治辣椒苗期立枯病，在辣椒播种后，采用 5% 井冈霉素水剂按照 2～3 毫升/米² 用量，对苗床土壤进行泼浇处理，施药时保证药液均匀，以浇透为宜。对于辣椒疫病，可在发病前采用 100 亿 CFU/ 毫升枯草芽孢杆菌悬浮剂 100～200 毫升/亩进行灌根或者茎基部喷淋处理，也可在发病初期采用 5 亿 CFU/ 毫升侧孢短芽孢杆菌 A60 悬浮剂 50～60 毫升/亩或 1% 申嗪霉素悬浮剂 50～120 毫升/亩进行灌根或者茎基部喷淋处理。对于辣椒炭疽病，采用 1.5% 苦参·蛇床素水剂在发病初期喷施 30～35 毫升进行防治。对于辣椒枯萎病，可在育苗前采用 10 亿 CFU/ 克枯草芽孢杆菌可湿性粉剂按照药种比（1∶50）～（1∶25）进行拌种，或在枯萎病发病初期，用 1000 亿 CFU/ 克枯草芽孢杆菌可湿性粉剂 200～300 克/亩进行灌根处理。对于辣椒青枯病，可采用 0.1 亿 CFU/ 克多黏类芽孢杆菌细粒剂进行防治，播种时用其 300 倍液浸种 30 分钟，晾干后播种，再将药液泼浇于苗床上；苗床泼浇时的药剂用量为 0.3 克/米²；辣椒定植时或在青枯病发病初期，可采用该药剂 1050～1400 克/亩兑水稀释 600 倍液灌根。

辣椒病毒病种类较多且常发，可在发病前 10 天选择 13.7%

苦参·硫黄水剂 133～200 毫升/亩喷雾预防，也可在发病初期采用 5% 氨基寡糖素水剂 35～50 毫升/亩、0.5% 香菇多糖水剂 300～400 毫升/亩或 2% 宁南霉素水剂 300～417 毫升/亩喷雾防治。同时，由介体昆虫传播的病毒［如番茄斑萎病毒（TSWV）、黄瓜花叶病毒（CMV）等］引起的病毒病需要联合控制蓟马、蚜虫等传毒昆虫。

保护地栽培内，超细药剂也可采用精量电动弥粉机进行喷粉防控，以不增加棚室内湿度，喷粉结束后，关闭通风口或门窗 8 小时。

## 6.2　生物药剂防虫

蚜虫发生初期，可采用 1.5% 苦参碱可溶液剂 30～40 毫升/亩进行叶面喷雾防治，蚜虫刚开始发生时为现点片发生阶段，此时注重对发生点的细致喷施。蓟马发生初期，可采用 150 亿 CFU/克球孢白僵菌可湿性粉剂 160～200 克/亩喷雾防治。对于烟青虫的防治，在卵孵化盛期及时喷施 16000 IU/毫克苏云金杆菌可湿性粉剂 100～150 克/亩，或在烟青虫产卵高峰期至低龄幼虫期，采用 600 亿 PIB/克棉铃虫核型多角体病毒水分散粒剂喷雾防治，用量 2～4 克/亩。甜菜夜蛾的防治，可在卵孵化高峰期采用 30 亿 PIB/毫升甜菜夜蛾核型多角体病毒悬浮剂 20～30 毫升/亩或抓住其低龄幼虫发生期，喷施 1% 苦皮藤素水乳剂 90～120 毫升/亩。

## 6.3　天敌生物防虫

蚜虫为主的田块，可释放瓢虫（200～300 头/亩）、食蚜蝇（300 头/亩）、食蚜瘿蚊（400 头/亩）、草蛉（幼虫 500 头/亩、成虫 300 头/亩）等天敌昆虫进行防治，每 7～10 天释放一次，可连续释放 3～5 次。蓟马为主的田块，可选择释放胡瓜新小绥螨、巴氏新小绥螨等捕食螨或东亚小花蝽等进行防治，释放比例为蓟马：捕食螨 =6：1、蓟马：东亚小花蝽 =25：1，每隔 1 周释放一次，连续释放 2～3 次。棚室内烟粉虱的生物防治，可于发生初期（黄板上发现烟粉虱或植株上成虫数量＞0.1 头 / 株时）悬挂丽蚜小蜂或桨角蚜小蜂蜂卡，每次放蜂量 2000 头 / 亩，隔 7～10 天释放一次，连续释放 2～3 次。释放天敌后，尽量不施用化学药剂，必要的话可施用对天敌友好的低毒药剂。

## 6.4　性诱剂诱杀

连片种植的辣椒田可设置商品化的性诱剂诱杀雄虫，干扰雌雄蛾交配，可明显减少田间落卵量，降低幼虫数量。具体设置数量及更换时间依据产品的使用说明书进行。

# 7　化学防治

## 7.1　辣椒病害

辣椒病害的化学防治应将发病前保护性措施和发病初期治疗性措施相结合。

### 7.1.1　立枯病

辣椒苗期病害，我国各地均有发生。辣椒立枯病可在辣椒播种前选用 1% 丙环·嘧菌酯颗粒剂进行基质拌药，用量为 600～1000 克 / 米$^3$，每季使用 1 次；或在播种前采用 0.4% 吡唑醚菌酯颗粒剂进行苗床撒施，用量 10～12 克 / 米$^2$，种植后应保障苗床足够湿润，施药时应尽可能均匀，施药 1 次。化学药剂处理亦可在播种后进行，如撒施 0.6% 精甲·噁霉灵颗粒剂，每亩用量4000~5000克；也可在辣椒播种后采用泼浇法对苗床土壤进行处理，施药时保证药液均匀，以浇透为宜，每季用药1次，化学药剂可选用50%异菌脲可湿性粉剂2~4克/米$^2$或30%噁霉灵水剂2.5~3.5克/米$^2$等。重点喷洒幼苗茎基部及地面周围，视病情发展7~10天后再施药一次。

### 7.1.2 猝倒病

辣椒苗期病害，我国各地均有发生。辣椒猝倒病的化学防治，可在辣椒播种之前进行浸种处理，用26.1%霜霉·噁霉灵可溶液剂300~500倍药液浸种72小时，取出用清水冲洗后正常播种，用药1次。该病药剂处理亦可在播种后进行，如撒施0.6%精甲·噁霉灵颗粒剂1次，每亩用量4000~5000克；或在苗期猝倒病发生前或发生初期采用0.3%精甲·噁霉灵可溶粉剂按7~9克/米$^2$用量随浇水冲施施药，间隔7~10天再施用一次。

### 7.1.3 疫病

辣椒疫病防治的登记药剂较多，可较大程度缓解区域性病菌抗药性的发展。

在发病前或发病初期可选择37.5%氢氧化铜悬浮剂36~52毫升/亩、50%嘧菌酯悬浮剂20~36克/亩、500克/升氟啶胺悬浮剂25~33毫升/亩、70%代森锰锌可湿性粉剂171~240克/亩、23.4%双炔酰菌胺悬浮剂30~40毫升/亩、10%烯酰吗啉水乳剂150~300毫升/亩、50%锰锌·氟吗啉可湿性粉剂60~100克/亩、687.5克/升氟菌·霜霉威悬浮剂60~75毫升/亩、51.9%霜霉·精甲霜可溶液剂60~80毫升/亩、50%唑醚·喹啉铜水分散粒剂18~24克/亩、68%精甲霜·锰锌水分散粒剂100~120克/亩、52.5%噁酮·霜脲氰水分散粒剂

32.5～43.0 克/亩或 18.7% 烯酰·吡唑酯水分散粒剂 100～125 克/亩等进行喷雾或茎基部喷淋处理。在北方部分区域辣椒主产区，疫病菌对霜霉威、嘧菌酯已产生抗药性，化学防治应因地制宜选用敏感药剂。

### 7.1.4　疮痂病

露地辣椒中多发，在辣椒发病前可使用 46% 氢氧化铜水分散粒剂 30～45 克/亩进行全株喷雾防治。每季最多施用 3 次。

### 7.1.5　细菌性叶斑病

细菌性叶斑病在华南地区常发，该病发生初期，可选用 20% 噻唑锌悬浮剂 100～150 毫升/亩进行喷雾处理。每季最多施用 3 次。

### 7.1.6　白粉病

辣椒白粉病发病前或发病初期，采用 30% 啶氧菌酯·戊唑醇悬浮剂对叶面正反面均匀喷雾，每亩用量 24～36 毫升。每季最多施用 3 次。

### 7.1.7　炭疽病

发病前或发病初期选择喷施 42% 三氯异氰尿酸可湿性粉剂 60～80 克/亩、10% 苯醚甲环唑水分散粒剂 50～83 克/亩、50% 代森锰锌可湿性粉剂 300～350 克/亩、22.5% 啶氧菌酯悬浮剂 30～35 毫升/亩、50% 克菌丹可湿性粉剂 125.0～187.5 克/亩、500 克/升氟啶胺悬浮剂 25～35 毫升/亩、250 克/升嘧菌酯悬浮剂 33～48 毫升/亩、30% 肟菌酯悬浮剂 25.0～37.5 毫升/亩、50% 春雷·多菌灵可湿性粉剂 75～94 克/亩、20% 噁霉·乙蒜素可湿性粉剂 60～75 克/亩、30% 苯甲·吡唑酯悬浮剂 20～25 毫升/亩、43% 氟菌·肟菌酯悬浮剂 20～30 毫升/亩、

40% 氟啶·嘧菌酯悬浮剂 50～60 毫升 / 亩、48% 喹啉·噻灵悬浮剂 30～40 毫升 / 亩、30% 唑醚·戊唑醇悬浮剂 60～70 毫升 / 亩或 30% 苯甲·醚菌酯悬浮剂 25～30 毫升 / 亩等。

### 7.1.8　枯萎病

辣椒移栽前，采用 0.6% 咯菌·嘧菌酯颗粒剂 3000～5000 克 / 亩进行沟施处理，预防枯萎病。

### 7.1.9　病毒病

发病前或发病初期，喷施 13.7% 苦参·硫黄水剂 133～200 毫升 / 亩或 6% 烯·羟·硫酸铜可湿性粉剂 20～40 克 / 亩，每 7～10 天一次，连喷 2～3 次，有利于提高植株抗病毒能力，减轻病情。

## 7.2　辣椒虫害

辣椒虫害防控应做好田间管理与监测，尤其是蓟马、烟粉虱和侧多食跗线螨体形微小，发生早期难以被发现，且有时易与病害混淆，因此常影响其适期防治。烟青虫和甜菜夜蛾的化学防治应抓住幼虫低龄期及时施药防治。

### 7.2.1　蚜虫

蚜虫化学防治应抓住点片发生阶段，采取"发现一点、喷施一圈"进行防治，及时控制其种群扩散蔓延。种群扩散后，可采用 10% 溴氰虫酰胺悬浮剂 30～40 毫升 / 亩，进行叶面喷雾防治，重点喷施植物嫩尖和嫩茎等幼嫩部位。

### 7.2.2　烟粉虱

苗期喷淋：辣椒苗移栽前 2 天，可采用 19% 溴氰虫酰胺悬浮剂，按照 4.1～5.0 毫升 / 米$^2$ 的用量进行苗床喷淋（用喷壶或去掉喷头的喷雾器等喷淋），然后带土移栽。需要注意，喷淋前须适当晾干苗床，喷淋时须浸透土壤，做到湿而不滴，根据苗床土壤的湿度，每平方米苗床使用2～4升药液。该方法可同时兼治蓟马、蚜虫和甜菜夜蛾等。

苗期灌根：辣椒移栽前2天，采用25%噻虫嗪水分散粒剂2000～4000倍液进行苗期灌根（用量0.12～0.20克/株），也可用该药剂对带苗穴盘进行喷淋处理。该方法可同时兼治蓟马、蚜虫等。

喷雾防治烟粉虱，可于辣椒苗定植前3～5天采用25%噻虫嗪水分散粒剂7～15克/亩进行叶面喷雾；辣椒生长期内可选择22%螺虫·噻虫啉悬浮剂，每亩用量30～40毫升，或采用10%溴氰虫酰胺悬浮剂，每亩用量40～50毫升，进行叶面喷雾，正反均匀喷施。

### 7.2.3 蓟马

辣椒苗移栽前2天，可采用19%溴氰虫酰胺悬浮剂，按照3.8～4.7毫升/米$^2$进行苗床喷淋（用喷壶或去掉喷头的喷雾器等喷淋），然后带土移栽，注意事项同7.2.2烟粉虱防治。

辣椒生长期防控蓟马，可选择21%噻虫嗪悬浮剂10～18毫升/亩或10%溴氰虫酰胺悬浮剂40～50毫升/亩，进行叶面喷雾。蓟马隐蔽为害，注意施药均匀。噻虫嗪每季最多使用2次，溴氰虫酰胺每季最多使用3次。

### 7.2.4 侧多食跗线螨

侧多食跗线螨的防治须做好田间密切监测，还要注意其为害症状与病毒病的区别。发生时及时采用43%联苯肼酯悬浮剂20～30毫升/亩进行叶面喷雾防治。侧多食跗线螨喜欢群集在辣椒顶尖幼嫩部位为害，施药时应重点喷施。

### 7.2.5　烟青虫

对烟青虫幼虫的化学防治务必抓住其低龄幼虫期、未蛀入果实之前这个阶段。可选择 5% 甲氨基阿维菌素苯甲酸盐微乳剂 2～4 毫升 / 亩或 4.5% 高效氯氰菊酯乳油 35～50 毫升 / 亩等喷雾防治。施药以上午为宜，重点喷洒植株上部。每季最多使用 2 次。

### 7.2.6　甜菜夜蛾

辣椒苗移栽前 2 天，可采用 19% 溴氰虫酰胺悬浮剂，按照 2.4～2.9 毫升 / 米² 进行苗床喷淋（用喷壶或去掉喷头的喷雾器等喷淋），然后带土移栽，注意事项同 7.2.2 烟粉虱防治。

辣椒生长期内防治甜菜夜蛾，需要抓住其低龄幼虫发生期，采用 8% 甲氨基阿维菌素苯甲酸盐水分散粒剂 3～4 克 / 亩或 5% 氯虫苯甲酰胺悬浮剂 30～60 毫升 / 亩，进行叶面喷雾。上述两种药剂每季最多使用 2 次。

# 附录 A　辣椒主要病虫害及其为害症状

辣椒主要病虫害及其为害症状如图所示。

辣椒猝倒病

辣椒立枯病

辣椒白粉病

细菌性叶斑病

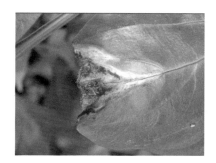

辣椒灰霉病

辣椒枯萎病

辣椒疫病病叶

辣椒炭疽病病果

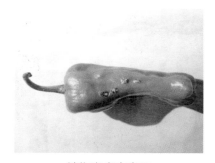

辣椒疮痂病病果

辣椒病毒病病叶

烟粉虱成虫（左）及若虫（右）

辣椒蚜虫（左）及其聚集在辣椒嫩尖为害状（右）

蓟马为害辣椒花（左）和叶片（右）

侧多食跗线螨为害辣椒植株（左）和果实（右）

烟青虫幼虫（左）及其为害辣椒果实（右）

不同体色型甜菜夜蛾为害辣椒

# 附录 B  辣椒主要病虫害防治推荐农药使用方案

推荐用于防治辣椒病虫害的部分药剂及其使用方法详见下表。

**辣椒主要病虫害防治推荐农药使用方案**

| 防治对象 | 防治时期 | 农药名称 | 使用剂量 | 施药方法 | 安全间隔期（天数） |
|---|---|---|---|---|---|
| 立枯病 | 播种后 | 5% 井冈霉素水剂 | 2～3 毫升 / 米² | 泼浇 | |
| | 播种后 | 50% 异菌脲可湿性粉剂 | 2～4 克 / 米² | 泼浇 | |
| | 播种后 | 30% 噁霉灵水剂 | 2.5～3.5 克 / 米² | 泼浇 | 10 |
| | 播种前 | 1% 丙环·嘧菌酯颗粒剂 | 600～1000 克 / 米³ | 基质拌药 | |
| | 播种前 | 0.4% 吡唑醚菌酯颗粒剂 | 10～12 克 / 米² | 苗床撒施 | |
| | 播种后 | 0.6% 精甲·噁霉灵颗粒剂 | 4000～5000 克 / 亩 | 撒施 | |
| 猝倒病 | 播种后 | 0.6% 精甲·噁霉灵颗粒剂 | 4000～5000 克 / 亩 | 撒施 | 21 |
| | 苗期，发病前或发病初期 | 0.3% 精甲·噁霉灵可溶粉剂 | 7～9 克 / 米² | 冲施 | |
| | 播种前 | 26.1% 霜霉·噁霉灵可溶液剂 | 300～500 倍液 | 浸种 | |

（续表）

| 防治对象 | 防治时期 | 农药名称 | 使用剂量 | 施药方法 | 安全间隔期（天数） |
|---|---|---|---|---|---|
| 疫病 | 发病前 | 100亿CFU/毫升枯草芽孢杆菌悬浮剂 | 100～200毫升/亩 | 喷雾 | |
| | 发病初期 | 5亿CFU/毫升侧孢短芽孢杆菌A60悬浮剂 | 50～60毫升/亩 | 喷雾 | |
| | 发病初期 | 1%申嗪霉素悬浮剂 | 50～120毫升/亩 | 喷雾 | |
| | 发病前或发病初期 | 37.5%氢氧化铜悬浮剂 | 36～52毫升/亩 | 喷雾 | |
| | 发病前或发病初期 | 50%嘧菌酯悬浮剂 | 20～36克/亩 | 喷雾 | 7 |
| | 发病前或发病初期 | 500克/升氟啶胺悬浮剂 | 25～33毫升/亩 | 喷雾 | 7 |
| | 发病初期 | 70%代森锰锌可湿性粉剂 | 171～240克/亩 | 喷雾 | 15 |
| | 谢花后或雨天来临前 | 23.4%双炔酰菌胺悬浮剂 | 30～40毫升/亩 | 喷雾 | 3 |
| | 发病前或发病初期 | 10%烯酰吗啉水乳剂 | 150～300毫升/亩 | 喷雾 | 7 |
| | 发病初期 | 50%锰锌·氟吗啉可湿性粉剂 | 60～100克/亩 | 喷雾 | 3 |
| | 发病初期 | 687.5克/升氟菌·霜霉威悬浮剂 | 60～75毫升/亩 | 喷雾 | 3 |
| | 发病前或发病初期 | 51.9%霜霉·精甲霜可溶液剂 | 60～80毫升/亩 | 喷雾 | 7 |

（续表）

| 防治对象 | 防治时期 | 农药名称 | 使用剂量 | 施药方法 | 安全间隔期（天数） |
|---|---|---|---|---|---|
| 疫病 | 发病前或发病初期 | 50% 唑醚·喹啉铜水分散粒剂 | 18～24 克/亩 | 喷雾 | 7 |
| | 发病初期 | 52.5% 噁酮·霜脲氰水分散粒剂 | 32.5～43.0 克/亩 | 喷雾 | 3 |
| | 发病初期 | 75% 甲硫·锰锌可湿性粉剂 | 80～120 克/亩 | 喷雾 | 14 |
| | 发病前或发病初期 | 18.7% 烯酰·吡唑酯水分散粒剂 | 100～125 克/亩 | 喷雾 | 5 |
| | 发病初期 | 68% 精甲霜·锰锌水分散粒剂 | 100～120 克/亩 | 喷雾 | 5 |
| | 发病前或发病初期 | 72% 霜脲·锰锌可湿性粉剂 | 95～133 克/亩 | 喷雾 | 15 |
| | 发病前或发病初期 | 35% 烯酰·氟啶胺悬浮剂 | 60～70 毫升/亩 | 喷雾 | 7 |
| | 发病前 | 53% 烯酰·代森联水分散粒剂 | 180～200 克/亩 | 喷雾 | 10 |
| | 发病前 | 60% 唑醚·代森联水分散粒剂 | 40～100 克/亩 | 喷雾 | 7 |
| | 发病初期 | 40% 氟啶·嘧菌酯悬浮剂 | 50～60 毫升/亩 | 喷雾 | 14 |
| 疮痂病 | 发病前 | 46% 氢氧化铜水分散粒剂 | 30～45 克/亩 | 喷雾 | 5 |
| 细菌性叶斑病 | 发病初期 | 20% 噻唑锌悬浮剂 | 100～150 毫升/亩 | 喷雾 | 7 |
| 白粉病 | 发病前或发病初期 | 30% 啶氧菌酯·戊唑醇悬浮剂 | 24～36 毫升/亩 | 喷雾 | 7 |

（续表）

| 防治对象 | 防治时期 | 农药名称 | 使用剂量 | 施药方法 | 安全间隔期（天数） |
|---|---|---|---|---|---|
| 炭疽病 | 发病初期 | 1.5% 苦参·蛇床素水剂 | 30～35毫升/亩 | 喷雾 | |
| | 发病前或发病初期 | 80% 波尔多液可湿性粉剂 | 300～500倍液 | 喷雾 | 7 |
| | 发病前或发病初期 | 42% 三氯异氰尿酸可湿性粉剂 | 60～80克/亩 | 喷雾 | 5 |
| | 发病前或发病初期 | 50% 春雷·多菌灵可湿性粉剂 | 75～94克/亩 | 喷雾 | 14 |
| | 发病前或发病初期 | 10% 苯醚甲环唑水分散粒剂 | 50～83克/亩 | 喷雾 | 3 |
| | 发病前或发病初期 | 50% 代森锰锌可湿性粉剂 | 300～350克/亩 | 喷雾 | 15 |
| | 发病前或发病初期 | 22.5% 啶氧菌酯悬浮剂 | 30～35毫升/亩 | 喷雾 | 7 |
| | 发病前或发病初期 | 50% 克菌丹可湿性粉剂 | 125.0～187.5克/亩 | 喷雾 | 2 |
| | 发病前或发病初期 | 30% 唑醚·戊唑醇悬浮剂 | 60～70毫升/亩 | 喷雾 | 5 |
| | 发病前或发病初期 | 48% 喹啉·噻灵悬浮剂 | 30～40毫升/亩 | 喷雾 | 10 |
| | 发病前或发病初期 | 500克/升氟啶胺悬浮剂 | 25～35毫升/亩 | 喷雾 | 7 |
| | 发病初期 | 40% 氟啶·嘧菌酯悬浮剂 | 50～60毫升/亩 | 喷雾 | 14 |
| | 发病前或发病初期 | 250克/升嘧菌酯悬浮剂 | 33～48毫升/亩 | 喷雾 | 5 |

（续表）

| 防治对象 | 防治时期 | 农药名称 | 使用剂量 | 施药方法 | 安全间隔期（天数） |
|---|---|---|---|---|---|
| 炭疽病 | 发病前或发病初期 | 30% 肟菌酯悬浮剂 | 25.0～37.5毫升/亩 | 喷雾 | 7 |
| | 发病前或发病初期 | 325克/升苯甲·嘧菌酯悬浮剂 | 20～50毫升/亩 | 喷雾 | 7 |
| | 发病前或发病初期 | 30% 苯甲·醚菌酯悬浮剂 | 25～30毫升/亩 | 喷雾 | 7 |
| | 发病初期 | 30% 苯甲·吡唑酯悬浮剂 | 20～25毫升/亩 | 喷雾 | 7 |
| | 发病前或发病初期 | 75% 戊唑·嘧菌酯水分散粒剂 | 10～15克/亩 | 喷雾 | 5 |
| | 发病前或发病初期 | 20% 甲硫·锰锌可湿性粉剂 | 80～160克/亩 | 喷雾 | 15 |
| | 发病初期 | 75% 肟菌·戊唑醇水分散粒剂 | 10～15克/亩 | 喷雾 | 5 |
| | 发病前或发病初期 | 43% 氟菌·肟菌酯悬浮剂 | 20～30毫升/亩 | 喷雾 | 5 |
| | 发病初期 | 20% 噁霉·乙蒜素可湿性粉剂 | 60～75克/亩 | 喷雾 | 3 |
| 枯萎病 | 育苗前 | 10亿CFU/克枯草芽孢杆菌可湿性粉剂 | 药种比为（1：50）～（1：25） | 拌种 | |
| | 移栽前 | 0.6% 咯菌·嘧菌酯颗粒剂 | 3000～5000克/亩 | 沟施 | |
| | 发病初期 | 1000亿CFU/克枯草芽孢杆菌可湿性粉剂 | 200～300克/亩 | 灌根 | |

（续表）

| 防治对象 | 防治时期 | 农药名称 | 使用剂量 | 施药方法 | 安全间隔期（天数） |
|---|---|---|---|---|---|
| 青枯病 | 播种期 | 0.1 亿 CFU/ 克多黏类芽孢杆菌细粒剂 | 300 倍液 | 浸种 | |
| | 育苗期 | 0.1 亿 CFU/ 克多黏类芽孢杆菌细粒剂 | 0.3 克 / 米² | 苗床泼浇 | |
| | 移栽期或发病初期 | 0.1 亿 CFU/ 克多黏类芽孢杆菌细粒剂 | 1050～1400 克 / 亩 | 灌根 | |
| 病毒病 | 发病前 10 天 | 13.7% 苦参·硫黄水剂 | 133～200 毫升 / 亩 | 喷雾 | |
| | 发病初期 | 5% 氨基寡糖素水剂 | 35～50 毫升 / 亩 | 喷雾 | 7 ～ 10 |
| | 发病初期 | 0.5% 香菇多糖水剂 | 300～400 毫升 / 亩 | 喷雾 | 10 |
| | 发病初期 | 2% 宁南霉素水剂 | 300～417 毫升 / 亩 | 喷雾 | 7 |
| | 发病前及发病初期 | 6% 烯·羟·硫酸铜可湿性粉剂 | 20～40 克 / 亩 | 喷雾 | |
| 蚜虫 | 发生初期 | 1.5% 苦参碱可溶液剂 | 30～40 毫升 / 亩 | 喷雾 | 10 |
| | 发生初期 | 10% 溴氰虫酰胺悬浮剂 | 30～40 毫升 / 亩 | 喷雾 | 3 |
| 烟粉虱 | 发生初期 | 22% 螺虫·噻虫啉悬浮剂 | 30～40 毫升 / 亩 | 喷雾 | 3 |
| | 发生初期 | 10% 溴氰虫酰胺悬浮剂 | 40～50 毫升 / 亩 | 喷雾 | 3 |

（续表）

| 防治对象 | 防治时期 | 农药名称 | 使用剂量 | 施药方法 | 安全间隔期（天数） |
|---|---|---|---|---|---|
| 烟粉虱 | 移栽前 2 天 | 19% 溴氰虫酰胺悬浮剂 | 4.1～5 毫升 / 米² | 苗床喷淋 | |
| | 移栽前 3～5 天 | 25% 噻虫嗪水分散粒剂 | 7～15 克 / 亩 | 苗期喷雾 | 3 |
| | 移栽前 2 天 | 25% 噻虫嗪水分散粒剂 | 0.12～0.20 克 / 株，2000～4000 倍液 | 灌根 | 7 |
| 蓟马 | 发生初期 | 150 亿 CFU/ 克球孢白僵菌可湿性粉剂 | 160～200 克 / 亩 | 喷雾 | |
| | 发生初期 | 88% 硅藻土可湿性粉剂 | 1000～1500 克 / 亩 | 喷雾 | |
| | 发生初期 | 21% 噻虫嗪悬浮剂 | 10～18 毫升 / 亩 | 喷雾 | 7 |
| | 发生初期 | 10% 溴氰虫酰胺悬浮剂 | 40～50 毫升 / 亩 | 喷雾 | 3 |
| | 移栽前 2 天 | 19% 溴氰虫酰胺悬浮剂 | 3.8～4.7 毫升 / 米² | 苗床喷淋 | |
| 侧多食跗线螨 | 发生初期 | 43% 联苯肼酯悬浮剂 | 20～30 毫升 / 亩 | 喷雾 | 5 |
| 烟青虫 | 卵孵化盛期 | 16000 IU/ 毫克苏云金杆菌可湿性粉剂 | 100～150 克 / 亩 | 喷雾 | |
| | 产卵高峰期至低龄幼虫期 | 600 亿 PIB/ 克棉铃虫核型多角体病毒水分散粒剂 | 2～4 克 / 亩 | 喷雾 | |

（续表）

| 防治对象 | 防治时期 | 农药名称 | 使用剂量 | 施药方法 | 安全间隔期（天数） |
|---|---|---|---|---|---|
| 烟青虫 | 低龄幼虫期 | 5% 甲氨基阿维菌素苯甲酸盐微乳剂 | 2～4 毫升 / 亩 | 喷雾 | 5 |
| | 低龄幼虫期 | 4.5% 高效氯氰菊酯乳油 | 35～50 毫升 / 亩 | 喷雾 | 7 |
| 甜菜夜蛾 | 卵孵化高峰期 | 30 亿 PIB/ 毫升甜菜夜蛾核型多角体病毒悬浮剂 | 20～30 毫升 / 亩 | 喷雾 | |
| | 低龄幼虫期 | 1% 苦皮藤素水乳剂 | 90～120 毫升 / 亩 | 喷雾 | 10 |
| | 低龄幼虫期 | 8% 甲氨基阿维菌素苯甲酸盐水分散粒剂 | 3～4 克 / 亩 | 喷雾 | 5 |
| | 低龄幼虫期 | 5% 氯虫苯甲酰胺悬浮剂 | 30～60 毫升 / 亩 | 喷雾 | 5 |
| | 移栽前 2 天 | 19% 溴氰虫酰胺悬浮剂 | 2.4～2.9 毫升 / 米$^2$ | 苗床喷淋 | |

注：农药使用方法以最新版本 NY/T 393《绿色食品农药使用准则》的规定为准。

# 绿色防控技术指南

## 1　生产概况

　　黄瓜又称胡瓜、青瓜，为葫芦科大宗蔬菜作物，在我国各地广泛种植，全国种植面积约 1800 多万亩，其中山东、河北、河南、江苏等省份种植面积超过 100 万亩，有露地种植和保护地种植。黄瓜生产过程中常发生的重大病害有 13 种（类），虫害 5 种（类），也有草害发生。为了保障黄瓜绿色生产及其产品质量安全，制定其病虫草害绿色防控技术指南如下。

## 2　常见病虫草害

### 2.1　病害

　　猝倒病（病原为瓜果腐霉菌）、立枯病（病原为立枯丝核菌）、霜霉病（病原为古巴假霜霉菌）、白粉病（单丝壳白粉菌）、灰霉病（病原为灰葡萄孢）、蔓枯病（病原为西瓜壳二孢菌）、枯萎病（病原为尖孢镰孢菌）、炭疽病（病原为葫芦科刺盘孢菌）、靶斑病（病原为多主棒孢菌）、细菌性角斑病（病原为丁香假单胞菌）、细菌性流胶病（病原为丁香假单胞菌和胡萝卜果胶杆菌）、根结线虫病（病原为南方根结线虫）、病毒病。

## 2.2　虫害

蚜虫（优势种为瓜蚜）、烟粉虱、蓟马（优势种为棕榈蓟马）、斑潜蝇（主要包括美洲斑潜蝇和南美斑潜蝇）、瓜绢螟等。

## 2.3　草害

反枝苋、凹头苋、藜、马齿苋、粟米草、藿香蓟、小飞蓬、刺儿菜、苣荬菜、打碗花等。

## 3　防治原则

对于黄瓜病虫害的防控，按照"预防为主、综合防治"的植保原则，在做好田间监测的基础上，采用农业措施、栽培措施、物理防治、生物防治以及科学合理的化学防治相结合的绿色综合防控技术，实现对黄瓜病虫害的高效防控，同时保障黄瓜的绿色健康生产。

## 4　农业防治

## 4.1　抗性品种

根据各地种植习惯及市场需求因地制宜选用抗性品种，可显著减轻病虫害的发生。目前培育出的抗白粉病、霜霉病、黄瓜花叶病毒（CMV）、黄瓜绿斑驳花叶病毒（CGMMV）等病害的黄瓜品种较多。例如，华北地区可选择科润 99、津优 316、津优 319、中农 50、京研 118 等抗白粉病、霜霉病的品种，以及津优 336、津优 409、中农 33、中农 38 等抗病毒病的品种；东北地区可选择龙早 1 号、盛秋 2 号等抗枯萎病、细菌性角斑病等品种；水果型黄瓜可选择津美 11 号、京研迷你 9 号等，可抗霜霉病和白粉病。

## 4.2 种子处理

将黄瓜及其砧木种子 40℃ 恒温处理 24 小时，再经过 50～60℃ 预热处理 60 小时降低含水量后，在 72℃ 干热条件下恒温处理 72 小时。含水量在 4% 以下的干燥种子可不经预热直接 72℃ 干热处理，可杀死种子表面的病菌、去除或钝化种传病毒（如 CGMMV 等）。

## 4.3 嫁接防病

选用抗性强、耐低温性强的南砧 1 号、甬砧 2 号、冀砧 10 号、南非砧木等作砧木，抗霜霉病等多种病害的黄瓜品种作接穗进行嫁接，随后做好嫁接苗的成活管理。嫁接黄瓜宜适当稀植，定苗时覆土在接口以下，防止病菌从接口处侵染致病。

## 4.4 田园管理

### 4.4.1 培育壮苗

育苗房与生产田分开，防止病虫害在苗房和生产田之间扩散迁移。采用营养钵、营养盘等育苗方式，使用无病土、消毒土，可防止苗期受病菌侵染后在成株期发病，同时，移栽苗不伤根、缓苗快，有防病作用。此外，苗床发现病株应及时拔除。

### 4.4.2 合理轮作

温室与大棚黄瓜栽培，注意避免与瓜类蔬菜连作，与非瓜类作物（如大葱、洋葱、大蒜、韭菜等）实行 2 年以上轮作；根结线虫发生重的地块可与禾本科作物轮作，水旱轮作效果最好。

### 4.4.3 田园清洁

农事操作时，及时摘除带有病虫的病叶、病果、老叶等，防止病菌和害虫发展蔓延；及时人工或机械清除田间及周边的杂草，作物病残体等要及时清理出田外，并集中深埋、沤肥或销毁处理。

## 4.5 栽培防病

优化适宜作物生长的环境，使之不利于病害的发生流行。

### 4.5.1 通风透光

及时摘除黄瓜下部的老黄叶，增加植株间的通风透光条件，降低病害的发展程度；冬春季早揭晚盖保温覆盖物，尽量增加光照强度和时间，夏秋季适当遮阳降温。

### 4.5.2 施肥浇水

增施腐熟的优质有机肥，及时追施磷肥、钾肥，合理配施微肥和生物肥，避免偏施氮肥。黄瓜定植时应浇透水，生长前期多中耕少浇水，提高地温；结瓜期适当勤浇水，避免大水漫灌，保持土壤水分均衡，防止植株早衰和茎基部裂伤。

### 4.5.3 高畦覆膜栽培

采用高畦地膜覆盖栽培，提倡膜下滴灌，防止田间积水和雨水反溅传播病菌；垄上覆盖黑色地膜，可有效防除杂草，同时能阻止蓟马、斑潜蝇入土化蛹，减轻病虫害的发生。

#### 4.5.4 通风排湿

露地黄瓜在雨季做好田间排水、防涝，防止田间积水；棚室栽培空气湿度大时，及时放风排湿降温，减少叶面结露和吐水，该措施可降低保护地灰霉病、炭疽病等病害的发生程度。

## 5 物理防治

### 5.1 土壤高温消毒

夏季棚室休闲期间，彻底清除病株残体，土壤深翻 20 厘米以上，将土表遗留的病残体翻入底层，浇足透水和覆盖地膜后，密闭棚室 15～20 天，利用太阳能使土壤温度达到 50～60℃，杀灭土壤和棚室内的病菌；或用 50% 氰氨化钙颗粒剂 48～64 千克/亩与适量切碎的作物秸秆，撒于地表，耕翻与土壤混匀，作垄，覆盖地膜，浇透水，密闭棚室 20～30 天，然后揭开地膜晾晒 8～10 天，对枯萎病、根结线虫病等病害均有良好防效。

### 5.2 防虫网阻隔

针对保护地栽培的黄瓜，可在棚室的通风口处设置 50～60 筛目的防虫网，防止有翅蚜、瓜绢螟、粉虱等成虫迁入棚室内产卵为害。该防虫措施也可同时降低病毒病的发生程度。

### 5.3 粘虫板诱杀

利用害虫趋性，烟粉虱、蚜虫和蓟马为害的棚室黄瓜，可悬挂黄色粘虫板诱杀，蓟马为优势种的田块，可悬挂蓝色粘虫板（规格为 20 厘米 ×25 厘米），悬挂数量为 20～30 片，粘虫板垂直悬挂，下缘略高于植株顶端，并随植株生长进行调整。释放寄生性天敌昆虫前摘除粘虫板，避免误伤天敌。

## 6 生物防治

### 6.1 生物药剂防病

优先选择生物药剂进行病害防控。防治黄瓜霜霉病，可在发病前或发病初期及时喷施 0.5% 几丁聚糖水剂 133～167 克/亩或 20% 乙蒜素乳油 70.0～87.5 克/亩。防治黄瓜白粉病，可在发病前或发病初期喷施 100 亿 CFU/克枯草芽孢杆菌可湿性粉剂 75～100 克/亩、0.5% 几丁聚糖可湿性粉剂 80～120 克/亩、1% 蛇床子素水乳剂 150～200 克/亩、0.05% 虎杖根茎提取物悬浮剂 335～670 毫升/亩或 50% 硫黄悬浮剂 150～200 毫升/亩。防治黄瓜灰霉病，可在发病前或发病初期喷施 3 亿 CFU/克木霉菌水分散粒剂 125～167 克/亩、10% 多抗霉素可湿性粉剂 120～140 克/亩、1000 亿 CFU/克枯草芽孢杆菌可湿性粉剂 50～70 克/亩、0.2% 白藜芦醇可溶液剂 80～120 毫升/亩、21% 过氧乙酸水剂 140～233 毫升/亩或 10 亿 CFU/克解淀粉芽孢杆菌 QST713 悬浮剂 350～500 毫升/亩。防治细菌性角斑病，可在发病前或发病初期喷施 10 亿 CFU/克解淀粉芽孢杆菌 QST713 悬浮剂 350～500 毫升/亩、5% 大蒜素微乳剂 60～80 克/亩、1 亿 CFU/克枯草芽孢杆菌微囊粒剂 50～150 克/亩、3% 中生菌素可湿性粉剂 80～110 克/亩或 2% 春雷霉素水剂 140～210 毫升/亩。

保护地栽培，也可以采用弥粉法施药防病技术，这样可以不增加棚室内湿度，喷粉结束后，关闭通风口或门窗 8 小时。

## 6.2　生物药剂防虫

蚜虫发生初期，可采用 80 亿 CFU/ 毫升金龟子绿僵菌 CQMa421 可分散油悬浮剂 40～60 毫升 / 亩或 1.5% 苦参碱可溶液剂 30～40 毫升 / 亩进行叶面喷雾防治，初期蚜虫呈点片发生，此时应注意细致喷施发生点及周边地块。防治烟粉虱可采用 200 万 CFU/ 毫升耳霉菌悬浮剂 150～230 毫升 / 亩或 0.5% 藜芦根茎提取物可溶液剂 70～80 毫升 / 亩，叶面均匀喷雾。

## 6.3　天敌生物防虫

蚜虫为主的田块，可释放瓢虫（200～300 头 / 亩）、食蚜蝇（300 头 / 亩）、食蚜瘿蚊（400 头 / 亩）、草蛉（幼虫 500 头 / 亩、成虫 300 头 / 亩）等天敌昆虫进行防治。蓟马为主的田块，可释放胡瓜新小绥螨、巴氏新小绥螨等捕食螨或东亚小花蝽等进行防治，释放比例为蓟马：捕食螨 =6：1、蓟马：东亚小花蝽 = 25：1，每隔 1 周释放一次，连续释放 2～3 次；棚室内烟粉虱的生物防治，可于烟粉虱发生初期或黄板上监测到烟粉虱成虫时，及时悬挂丽蚜小蜂或桨角蚜小蜂蜂卡，每次放蜂量 2000 头 / 亩，隔 7～10 天放一次，连续释放 2～3 次。释放天敌后，尽量不使用化学药剂，必要时可使用对天敌友好的低毒药剂。

## 6.4　性诱剂诱杀

瓜绢螟成虫发生期，可悬挂其性诱剂诱杀雄虫，干扰雌雄成虫交配，该措施可明显减少田间落卵量，减少幼虫数量。性诱剂具体设置数量及更换时间依据产品的使用说明书进行。

## 7 化学防治

### 7.1 黄瓜病害

黄瓜病害的化学防治应采取发病前保护预防和发病初期治疗措施相结合。

#### 7.1.1 猝倒病

黄瓜苗期猝倒病的防治，可采用 722 克 / 升霜霉威盐酸盐水剂，在播种时及幼苗移栽前按照 5～8 毫升 / 米$^2$ 进行苗床浇灌，每平方米药液量 2～3 升，使药液充分到达根区，浇灌后保持土壤湿润。

#### 7.1.2 立枯病

防治黄瓜立枯病，可采用 70% 噁霉灵可湿性粉剂均匀喷洒苗床，用量为 1.25～1.75 克 / 米$^2$；或于黄瓜出苗后或移栽前的幼苗期，采用 60% 氟胺·嘧菌酯水分散粒剂按 35～45 克 / 亩用量进行灌根防治，灌根药剂单季最多使用 1 次。

#### 7.1.3 霜霉病

防治黄瓜霜霉病的药剂很多，可在病害发生前或病害初期选用 100 克 / 升氰霜唑悬浮剂 53.3～67.0 毫升 / 亩、25% 嘧菌酯悬浮剂 32～48 毫升 / 亩、20% 烯酰吗啉悬浮剂 90～100 克 / 亩、10% 吡唑醚菌酯微乳剂 75～100 毫升 / 亩、22.5% 啶氧菌酯悬浮剂 30～40 毫升 / 亩、70% 代森联水分散粒剂 106.67～166.67 克 / 亩、25% 烯肟菌酯乳油 27～53 克 / 亩或 75% 代森锰锌水分散粒剂 150～200 克 / 亩，也可选择复配制剂（参见附录 B），叶面均匀喷雾，依据病害发展程度，隔 7～10 天再喷施一次。

## 7.1.4　白粉病

用于防治黄瓜白粉病的药剂很多，黄瓜白粉病发病前或发病初期，可选用8%氟硅唑微乳剂40～60毫升/亩、250克/升嘧菌酯悬浮剂70～90毫升/亩、30%醚菌酯悬浮剂28～35毫升/亩、25%吡唑醚菌酯悬浮剂30～40毫升/亩、250克/升戊唑醇水乳剂24～30克/亩、41.7%氟吡菌酰胺悬浮剂5～10毫升/亩、40%腈菌唑可湿性粉剂7.5～10.0克/亩等，或选择复配制剂（参见附录B），叶面均匀喷雾。

## 7.1.5　灰霉病

用于防治黄瓜灰霉病的药剂很多，在病害发生初期或发病前可选用20%嘧霉胺悬浮剂150～180克/亩、25%啶酰菌胺悬浮剂67～93毫升/亩、22.5%啶氧菌酯悬浮剂26～36毫升/亩、80%腐霉利可湿性粉剂50～60克/亩、20%咯菌腈悬浮剂25～35毫升/亩或38%唑醚·啶酰菌水分散粒剂40～80克/亩等喷雾防治，也可选用复配制剂（参见附录B）。

## 7.1.6　蔓枯病

黄瓜蔓枯病的化学防治可采用250克/升嘧菌酯悬浮剂60～90毫升/亩，于病害发生前或初见零星病斑时叶面喷雾1～2次，视天气变化和病情发展，间隔7～10天。

## 7.1.7　枯萎病

黄瓜枯萎病的化学防治可采用种子包衣、定植时撒施、生长期内灌根或喷雾的方式。

种子包衣：在黄瓜播种前，采用300亿CFU/毫升枯草芽孢杆菌悬浮种衣剂，按照50～100毫升/千克种子的比例准备适量药剂和种子，加入适量清水，将药液与种子充分搅拌，直到药液均匀分布在种子表面，阴干后播种。

撒施：在黄瓜移栽定植前，采用 0.01% 春雷霉素颗粒剂穴施，用量为 35～40 千克/亩；或采用 0.3% 氨基寡糖素·噁霉灵颗粒剂 8～10 千克/亩，与细沙混匀后，在黄瓜移栽前开沟（穴）均匀撒施后覆土，适当浇水。上述药剂每季最多使用 1 次。

灌根：在黄瓜枯萎病发病前或发病初期，采用 4% 春雷霉素可湿性粉剂 100～200 倍液，按照制剂 0.25～0.33 克/株的用量灌根预防，或采用 10% 混合氨基酸铜水剂 200～300 毫升/亩灌根，每穴药液 0.5 千克。

喷雾：在黄瓜枯萎病发病前或发病初期，可选择 10% 混合氨基酸铜水剂 200～500 毫升/亩（苗期）、50% 甲基硫菌灵悬浮剂 60～80 克/亩或 32% 唑酮·乙蒜素乳油 75～94 毫升/亩，加水喷雾。

### 7.1.8　炭疽病

黄瓜炭疽病的化学防治，在发病前或发病初期可选用 60% 苯醚甲环唑水分散粒剂 8～11 克/亩、25% 吡唑醚菌酯悬浮剂 20～40 毫升/亩、50% 克菌丹可湿性粉剂 120～180 克/亩、75% 肟菌·戊唑醇水分散粒剂 10～15 克/亩、43% 氟菌·肟菌酯悬浮剂 15～25 毫升/亩、35% 甲硫·戊唑醇悬浮剂 100～120 毫升/亩、60% 唑醚·代森联水分散粒剂 60～100 克/亩、34% 苯醚·甲硫悬浮剂 75～100 毫升/亩、30% 戊唑·嘧菌酯悬浮剂 30～40 毫升/亩、40% 嘧菌·戊唑醇悬浮剂 20～30 毫升/亩、325 克/升苯甲·嘧菌酯悬浮剂 30～50 毫升/亩、60% 甲硫·异菌脲可湿性粉剂 40～60 克/亩或 50% 硫磺·甲硫灵悬浮剂 150～300 毫升/亩，均匀喷雾。

### 7.1.9　靶斑病

黄瓜靶斑病的化学防治，可于发病初期选用 1000 亿 CFU/克荧光假单胞杆菌可湿性粉剂 70～80 克/亩、30% 苯甲·嘧菌酯悬浮剂 40～80 毫升/亩、43% 氟菌·肟菌酯悬浮剂 15～25 毫升/亩、36% 肟菌·喹啉铜悬浮剂 40～60 毫升/亩或 35% 氟菌·戊唑醇悬浮剂 20～25 毫升/亩等，全株均匀喷雾。

### 7.1.10  细菌性角斑病

黄瓜细菌性角斑病的化学防治，可于发病前或发病初期选用 77% 氢氧化铜可湿性粉剂 150～200 克/亩、33.5% 喹啉铜悬浮剂 45～60 毫升/亩、36% 春雷·喹啉铜悬浮剂 35～55 毫升/亩、35% 氨基寡糖素·喹啉铜悬浮剂 50～70 毫升/亩、40% 春雷·噻唑锌悬浮剂 40～60 毫升/亩或 5% 春雷·中生可湿性粉剂 70～80 克/亩，均匀喷雾。

### 7.1.11  根结线虫病

黄瓜根结线虫病的化学防治，可于黄瓜移栽前，采用 42% 威百亩可溶液剂按照推荐用量（3300～5000 毫升/亩）施于沟内，压土后覆盖地膜进行土壤熏蒸 15 天左右，揭掉地膜，翻耕透气 5 天以上，确定药气散尽后再移栽作物。也可采用 50% 氰氨化钙颗粒剂 48～64 千克/亩，在黄瓜定植前 10 天沟施。也可灌根防控，在黄瓜定植缓苗后，采用 0.3% 苦参碱水剂 1250～1500 毫升/亩灌根；或在黄瓜移栽后 15 天，采用 41.7% 氟吡菌酰胺悬浮剂，按照制剂使用量 0.024～0.030 毫升/株进行稀释，每株用 400 毫升稀释后的药液灌根；或采用 1% 氨基寡糖素可溶液剂 300～400 毫升/亩灌根。

## 7.2  黄瓜虫害

黄瓜虫害防控应做好田间管理与监测，尤其是蚜虫、蓟马、烟粉虱，因其体型微小发生早期难以被发现，种群增长快速，应在发生初期及时防治；瓜实蝇的防治应抓住其成虫在果实上产卵的前期及时进行。

### 7.2.1 蚜虫

黄瓜定植前，可用 5% 吡虫啉片剂（1 片/株）穴施于深度 10 厘米的定植孔，然后定植黄瓜苗，定植完毕后浇水。

黄瓜生育期内，在蚜虫发生初期、呈点片发生的时期，应采取"发现一点、喷施一圈"的原则进行防治，及时控制种群扩散蔓延。每亩可选用 70% 啶虫脒水分散粒剂 2.0～2.5 克/亩、36% 噻虫啉水分散粒剂 9～19 克/亩、20% 氟啶虫酰胺悬浮剂 15～25 毫升/亩、22% 氟啶虫胺腈悬浮剂 7.5～12.5 毫升/亩、10% 溴氰虫酰胺可分散油悬浮剂 18～40 毫升/亩、50% 吡蚜酮水分散粒剂 10～15 克/亩、60% 氟啶·噻虫嗪水分散粒剂 4～6 克/亩或 35% 高氯·矿物油乳油 40～50 毫升/亩等叶面喷雾防治。蚜虫喜聚集在幼嫩处为害，施药时须重点喷施幼嫩部位。

保护地栽培的黄瓜，可在蚜虫发生初期采用 2% 高效氯氰菊酯烟剂 225～270 克/亩或 15% 啶虫脒烟剂 15～25 克/亩，点燃放烟，根据棚区大小均匀布点。从棚内向棚外逐个点燃烟剂，然后立即离开并关闭棚室门。第二天注意通风换气。

### 7.2.2 烟粉虱

黄瓜苗移栽前 2 天，可采用 19% 溴氰虫酰胺悬浮剂，按照 4.1～5.0 毫升/米² 进行苗床喷淋（用喷壶或去掉喷头的喷雾器等喷淋），然后带土移栽。需要注意，喷淋前须适当晾干苗床，喷淋时浸透土壤，做到湿而不滴，根据苗床土壤湿度，每平方米苗床使用 2～4 升药液。该方法可兼治蓟马、蚜虫等。

黄瓜移栽或播种时，采用 2% 吡虫啉颗粒剂 3000～4000 克/亩，拌适量细沙均匀撒施于种植沟内，施药后立即覆土。

黄瓜生长期内防控烟粉虱，可选用 10% 啶虫脒可溶液剂 10.0～13.5 克 / 亩、25% 噻虫嗪水分散粒剂 10～12 克 / 亩、22% 氟啶虫胺腈悬浮剂 15～23 毫升 / 亩、10% 吡虫啉可湿性粉剂 10～20 克 / 亩、10% 溴氰虫酰胺可分散油悬浮剂 33.3～40.0 毫升 / 亩、75% 吡蚜·螺虫酯水分散粒剂 8～12 克 / 亩或 22% 螺虫·噻虫啉悬浮剂 30～40 毫升 / 亩，叶面喷雾，正反均匀喷施。

保护地栽培的黄瓜粉虱发生初期或盛期，可采用 0.5% 苦皮藤提取物烟剂 350～400 克 / 亩，点燃放烟进行防控。

### 7.2.3 蓟马

黄瓜苗移栽前 2 天，可采用 19% 溴氰虫酰胺悬浮剂 3.8～4.7 毫升 / 米$^2$ 进行苗床喷淋（用喷壶或去掉喷头的喷雾器等喷淋），然后带土移栽，注意事项同 7.2.2 烟粉虱防治。

黄瓜生长期防控蓟马，可选择 20% 啶虫脒可溶液剂 7.5～10.0 毫升 / 亩、10% 溴氰虫酰胺可分散油悬浮剂 33.3～40.0 毫升 / 亩、20% 甲维·吡丙醚悬浮剂 20～30 毫升 / 亩或 40% 氟啶·吡蚜酮水分散粒剂 16～20 克 / 亩，进行叶面和花内喷雾。蓟马为害隐蔽，注意均匀施药。

### 7.2.4 斑潜蝇

黄瓜苗移栽前 2 天，可采用 19% 溴氰虫酰胺悬浮剂 2.8～3.6 毫升 / 米$^2$ 进行苗床喷淋（用喷壶或去掉喷头的喷雾器等喷淋），然后带土移栽。需要注意，喷淋前须适当晾干苗床，喷淋时须浸透土壤，做到湿而不滴，根据苗床土壤湿度，每平方米苗床使用 2～4 升药液。

生长期内防控斑潜蝇，在其低龄幼虫发生初期，及时选用 50% 灭蝇胺可湿性粉剂 15～25 克 / 亩、10% 溴氰虫酰胺可分散油悬浮剂 14～18 毫升 / 亩或 60% 噻虫·灭蝇胺水分散粒剂

20～26 克 / 亩等进行叶面喷雾。

### 7.2.5　瓜绢螟

黄瓜苗移栽前 2 天，可采用 19% 溴氰虫酰胺悬浮剂 2.6～3.3 毫升 / 米$^2$进行苗床喷淋（用喷壶或去掉喷头的喷雾器等喷淋），然后带土移栽，注意事项同烟粉虱防治。

# 附录 A　黄瓜主要病虫害及其为害症状

黄瓜主要病虫害及其为害症状如图所示。

黄瓜猝倒病

黄瓜立枯病

黄瓜霜霉病

黄瓜灰霉病

黄瓜白粉病

黄瓜枯萎病

黄瓜蔓枯病

黄瓜炭疽病

黄瓜靶斑病

黄瓜细菌性角斑病

黄瓜根结线虫病　　　　　　　　黄瓜病毒病

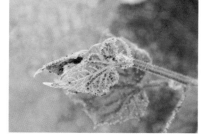

黄瓜蚜虫（左）及其为害黄瓜嫩尖（右）

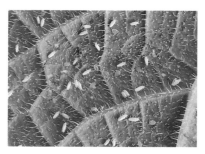

烟粉虱若虫（左）及烟粉虱成虫（右）群集在黄瓜叶背为害状

瓜蓟马成虫（左）及其群集在黄瓜叶背为害状（右）

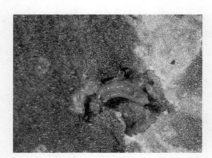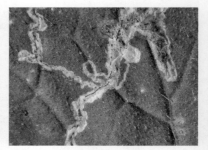

斑潜蝇幼虫（左）及其在黄瓜叶片上为害状（右）

瓜绢螟幼虫（左）及其在黄瓜叶片上为害状（右）

# 附录 B　黄瓜主要病虫害防治推荐农药使用方案

推荐用于防治黄瓜病虫害的部分药剂及其使用方法详见下表。

**黄瓜主要病虫害防治推荐农药使用方案**

| 防治对象 | 防治时期 | 农药名称 | 使用剂量 | 施药方法 | 安全间隔期（天数） |
|---|---|---|---|---|---|
| 猝倒病 | 移栽前 | 722 克/升霜霉威盐酸盐水剂 | 5～8 毫升/米² | 苗床浇灌 | 3 |
| 立枯病 | 苗床发病期 | 70% 噁霉灵可湿性粉剂 | 1.25～1.75 克/米² | 喷雾 | |
| | 幼苗期 | 60% 氟胺·嘧菌酯水分散粒剂 | 35～45 克/亩 | 灌根 | |
| 霜霉病 | 发病前或发病初期 | 0.5% 几丁聚糖水剂 | 133～167 克/亩 | 喷雾 | |
| | 发病初期 | 20% 乙蒜素乳油 | 70.0～87.5 克/亩 | 喷雾 | 5 |
| | 发病初期 | 100 克/升氰霜唑悬浮剂 | 53.3～67.0 毫升/亩 | 喷雾 | 1 |
| | 发病初期 | 25% 嘧菌酯悬浮剂 | 32～48 毫升/亩 | 喷雾 | 1 |
| | 发病初期 | 20% 烯酰吗啉悬浮剂 | 90～100 克/亩 | 喷雾 | 3 |

（续表）

| 防治对象 | 防治时期 | 农药名称 | 使用剂量 | 施药方法 | 安全间隔期（天数） |
|---|---|---|---|---|---|
| 霜霉病 | 发病初期 | 10% 吡唑醚菌酯微乳剂 | 75～100 毫升/亩 | 喷雾 | 3 |
| | 发病初期 | 22.5% 啶氧菌酯悬浮剂 | 30～40 毫升/亩 | 喷雾 | 3 |
| | 发病初期 | 70% 代森联水分散粒剂 | 106.67～166.67 克/亩 | 喷雾 | 5 |
| | 发病初期 | 25% 烯肟菌酯乳油 | 27～53 克/亩 | 喷雾 | 2 |
| | 发病初期 | 75% 代森锰锌水分散粒剂 | 150～200 克/亩 | 喷雾 | 3 |
| | 发病初期 | 48% 烯酰·吡唑酯水分散粒剂 | 30～40 克/亩 | 喷雾 | 3 |
| | 发病初期 | 50% 乙铝·锰锌可湿性粉剂 | 187～373 克/亩 | 喷雾 | 15 |
| | 发病前或发病初期 | 69% 烯酰·锰锌可湿性粉剂 | 100～150 克/亩 | 喷雾 | 3 |
| | 发病初期 | 60% 唑醚·代森联水分散粒剂 | 40～60 克/亩 | 喷雾 | 2 |
| | 发病前或发病初期 | 30% 精甲·嘧菌酯悬浮剂 | 50～60 毫升/亩 | 喷雾 | 5 |
| | 发病初期 | 52.5% 噁酮·霜脲氰水分散粒剂 | 30～35 克/亩 | 喷雾 | 10 |

（续表）

| 防治对象 | 防治时期 | 农药名称 | 使用剂量 | 施药方法 | 安全间隔期（天数） |
|---|---|---|---|---|---|
| 霜霉病 | 发病初期 | 70% 噁霜灵·烯酰吗啉水分散粒剂 | 15～25 克/亩 | 喷雾 | 3 |
| | 发病初期 | 47% 春雷·王铜可湿性粉剂 | 600～800 倍液 | 喷雾 | 4 |
| 白粉病 | 发病前或发病初期 | 100 亿 CFU/克枯草芽孢杆菌可湿性粉剂 | 75～100 克/亩 | 喷雾 | |
| | 发病前或发病初期 | 0.5% 几丁聚糖可湿性粉剂 | 80～120 克/亩 | 喷雾 | |
| | 发病初期 | 1% 蛇床子素水乳剂 | 150～200 克/亩 | 喷雾 | |
| | 发病初期 | 0.05% 虎杖根茎提取物悬浮剂 | 335～670 毫升/亩 | 喷雾 | |
| | 发病初期 | 50% 硫黄悬浮剂 | 150～200 毫升/亩 | 喷雾 | |
| | 发病初期 | 8% 氟硅唑微乳剂 | 40～60 毫升/亩 | 喷雾 | 3 |
| | 发病初期 | 250 克/升嘧菌酯悬浮剂 | 70～90 毫升/亩 | 喷雾 | 3 |
| | 发病初期 | 30% 醚菌酯悬浮剂 | 28～35 毫升/亩 | 喷雾 | 3 |
| | 发病初期 | 25% 吡唑醚菌酯悬浮剂 | 30～40 毫升/亩 | 喷雾 | 3 |
| | 发病初期 | 250 克/升戊唑醇水乳剂 | 24～30 克/亩 | 喷雾 | 3 |

（续表）

| 防治对象 | 防治时期 | 农药名称 | 使用剂量 | 施药方法 | 安全间隔期（天数） |
|---|---|---|---|---|---|
| 白粉病 | 发病初期 | 41.7% 氟吡菌酰胺悬浮剂 | 5～10 毫升/亩 | 喷雾 | 2 |
| | 发病初期 | 40% 腈菌唑可湿性粉剂 | 7.5～10 克/亩 | 喷雾 | 3 |
| | 发病初期 | 40% 唑醚·啶酰菌水分散粒剂 | 30～40 克/亩 | 喷雾 | 2 |
| | 发病初期 | 22% 嘧菌·戊唑醇悬浮剂 | 27～32 毫升/亩 | 喷雾 | 3 |
| | 发病初期 | 50% 硫磺·三唑酮悬浮剂 | 50～80 毫升/亩 | 喷雾 | 5 |
| | 发病初期 | 75% 肟菌·戊唑醇水分散粒剂 | 11～15 克/亩 | 喷雾 | 3 |
| | 发病初期 | 12% 苯甲·氟酰胺悬浮剂 | 56～70 毫升/亩 | 喷雾 | 3 |
| | 发病初期 | 29% 宁南·氟菌唑可湿性粉剂 | 15～20 克/亩 | 喷雾 | 2 |
| | 发病初期 | 13% 中生·醚菌酯可湿性粉剂 | 45～60 克/亩 | 喷雾 | 3 |
| 灰霉病 | 发病前或发病初期 | 3 亿 CFU/克木霉菌水分散粒剂 | 125～167 克/亩 | 喷雾 | |
| | 发病初期 | 10% 多抗霉素可湿性粉剂 | 120～140 克/亩 | 喷雾 | |

（续表）

| 防治对象 | 防治时期 | 农药名称 | 使用剂量 | 施药方法 | 安全间隔期（天数） |
|---|---|---|---|---|---|
| 灰霉病 | 发病前或发病初期 | 1000 亿 CFU/克枯草芽孢杆菌可湿性粉剂 | 50～70 克 / 亩 | 喷雾 | |
| | 发病初期 | 0.2% 白藜芦醇可溶液剂 | 80～120 毫升 / 亩 | 喷雾 | |
| | 发病初期 | 21% 过氧乙酸水剂 | 140～233 毫升 / 亩 | 喷雾 | |
| | 发病前 | 10 亿 CFU/ 克解淀粉芽孢杆菌 QST713 悬浮剂 | 350～500 毫升 / 亩 | 喷雾 | |
| | 发病前或发病初期 | 20% 嘧霉胺悬浮剂 | 150～180 克 / 亩 | 喷雾 | 3 |
| | 发病初期 | 25% 啶酰菌胺悬浮剂 | 67～93 毫升 / 亩 | 喷雾 | 1 |
| | 发病初期 | 22.5% 啶氧菌酯悬浮剂 | 26～36 毫升 / 亩 | 喷雾 | 3 |
| | 发病前或发病初期 | 80% 腐霉利可湿性粉剂 | 50～60 克 / 亩 | 喷雾 | 3 |
| | 发病前或发病初期 | 20% 咯菌腈悬浮剂 | 25～35 毫升 / 亩 | 喷雾 | 3 |
| | 发病前或发病初期 | 50% 嘧霉·啶酰菌水分散粒剂 | 47～60 克 / 亩 | 喷雾 | 3 |
| | 发病初期 | 38% 唑醚·啶酰菌水分散粒剂 | 40～80 克 / 亩 | 喷雾 | 2 |

（续表）

| 防治对象 | 防治时期 | 农药名称 | 使用剂量 | 施药方法 | 安全间隔期（天数） |
|---|---|---|---|---|---|
| 灰霉病 | 发病初期 | 42.4% 唑醚·氟酰胺悬浮剂 | 20～30 毫升/亩 | 喷雾 | 3 |
| | 发病初期 | 500 克/升氟吡菌酰胺·嘧霉胺悬浮剂 | 60～80 毫升/亩 | 喷雾 | 3 |
| 蔓枯病 | 发病前或发病初期 | 250 克/升嘧菌酯悬浮剂 | 60～90 毫升/亩 | 喷雾 | 1 |
| 枯萎病 | 播种前 | 300 亿 CFU/毫升枯草芽孢杆菌悬浮种衣剂 | 50～100 毫升/千克种子 | 种子包衣 | |
| | 移栽时 | 0.01% 春雷霉素颗粒剂 | 35～40 千克/亩 | 穴施 | |
| | 发病前或发病初期 | 4% 春雷霉素可湿性粉剂 | 0.25～0.33 克/株 | 灌根 | 4 |
| | 苗期或定植后 | 10% 混合氨基酸铜水剂 | 苗期 200～500 毫升/亩，定植后 200～300 毫升/亩 | 苗期喷雾，定植后灌根或浇茎 | |
| | 发病前或发病初期 | 50% 甲基硫菌灵悬浮剂 | 60～80 克/亩 | 喷雾 | 2 |
| | 移栽时 | 0.3% 氨基寡糖素·噁霉灵颗粒剂 | 8～10 千克/亩 | 撒施 | |
| | 发病初期 | 32% 唑酮·乙蒜素乳油 | 75～94 毫升/亩 | 喷雾 | 5 |

（续表）

| 防治对象 | 防治时期 | 农药名称 | 使用剂量 | 施药方法 | 安全间隔期（天数） |
|---|---|---|---|---|---|
| 炭疽病 | 发病初期 | 60% 苯醚甲环唑水分散粒剂 | 8～11 克/亩 | 喷雾 | 1 |
| | 发病初期 | 25% 吡唑醚菌酯悬浮剂 | 20～40 毫升/亩 | 喷雾 | 1 |
| | 发病前或发病初期 | 50% 克菌丹可湿性粉剂 | 120～180 克/亩 | 喷雾 | 3 |
| | 发病前或发病初期 | 75% 肟菌·戊唑醇水分散粒剂 | 10～15 克/亩 | 喷雾 | 3 |
| | 发病初期 | 43% 氟菌·肟菌酯悬浮剂 | 15～25 毫升/亩 | 喷雾 | 3 |
| | 发病前或发病初期 | 35% 甲硫·戊唑醇悬浮剂 | 100～120 毫升/亩 | 喷雾 | 3 |
| | 发病前或发病初期 | 60% 唑醚·代森联水分散粒剂 | 60～100 克/亩 | 喷雾 | 2 |
| | 发病初期 | 34% 苯醚·甲硫悬浮剂 | 75～100 毫升/亩 | 喷雾 | 3 |
| | 发病初期 | 30% 戊唑·嘧菌酯悬浮剂 | 30～40 毫升/亩 | 喷雾 | 5 |
| | 发病初期 | 40% 嘧菌·戊唑醇悬浮剂 | 20～30 毫升/亩 | 喷雾 | 3 |
| | 发病前或发病初期 | 325 克/升苯甲·嘧菌酯悬浮剂 | 30～50 毫升/亩 | 喷雾 | 3 |
| | 发病初期 | 60% 甲硫·异菌脲可湿性粉剂 | 40～60 克/亩 | 喷雾 | 5 |

（续表）

| 防治对象 | 防治时期 | 农药名称 | 使用剂量 | 施药方法 | 安全间隔期（天数） |
|---|---|---|---|---|---|
| 炭疽病 | 发病初期 | 50% 硫黄·甲硫灵悬浮剂 | 150～300 毫升/亩 | 喷雾 | 4 |
| 靶斑病 | 发病前或发病初期 | 1000 亿 CFU/克荧光假单胞杆菌可湿性粉剂 | 70～80 克/亩 | 喷雾 | |
| | 发病初期 | 30% 苯甲·嘧菌酯悬浮剂 | 40～80 毫升/亩 | 喷雾 | 3 |
| | 发病初期 | 36% 肟菌·喹啉铜悬浮剂 | 40～60 毫升/亩 | 喷雾 | 7 |
| | 发病初期 | 43% 氟菌·肟菌酯悬浮剂 | 15～25 毫升/亩 | 喷雾 | 3 |
| | 发病初期 | 35% 氟菌·戊唑醇悬浮剂 | 20～25 毫升/亩 | 喷雾 | 3 |
| 细菌性角斑病 | 发病前期 | 10 亿 CFU/克解淀粉芽孢杆菌 QST713 悬浮剂 | 350～500 毫升/亩 | 喷雾 | |
| | 发病初期 | 5% 大蒜素微乳剂 | 60～80 克/亩 | 喷雾 | |
| | 发病前或发病初期 | 1 亿 CFU/克枯草芽孢杆菌微囊粒剂 | 50～150 克/亩 | 喷雾 | |
| | 发病前或发病初期 | 3% 中生菌素可湿性粉剂 | 80～110 克/亩 | 喷雾 | 3 |
| | 发病初期 | 2% 春雷霉素水剂 | 140～210 毫升/亩 | 喷雾 | 4 |

（续表）

| 防治对象 | 防治时期 | 农药名称 | 使用剂量 | 施药方法 | 安全间隔期（天数） |
|---|---|---|---|---|---|
| 细菌性角斑病 | 发病前或发病初期 | 77% 氢氧化铜可湿性粉剂 | 150～200克/亩 | 喷雾 | 3 |
| | 发病前或发病初期 | 33.5% 喹啉铜悬浮剂 | 45～60毫升/亩 | 喷雾 | 3 |
| | 发病前或发病初期 | 36% 春雷·喹啉铜悬浮剂 | 35～55毫升/亩 | 喷雾 | 3 |
| | 发病前或发病初期 | 35% 氨基寡糖素·喹啉铜悬浮剂 | 50～70毫升/亩 | 喷雾 | 3 |
| | 发病前或发病初期 | 40% 春雷·噻唑锌悬浮剂 | 40～60毫升/亩 | 喷雾 | 3 |
| | 发病前或发病初期 | 5% 春雷·中生可湿性粉剂 | 70～80克/亩 | 喷雾 | 3 |
| 根结线虫病 | 移栽前 | 42% 威百亩可溶液剂 | 3300～5000毫升/亩 | 土壤熏蒸 | |
| | 移栽前 | 50% 氰氨化钙颗粒剂 | 48～64千克/亩 | 沟施 | |
| | 定植缓苗后 | 0.3% 苦参碱水剂 | 1250～1500毫升/亩 | 灌根 | |
| | 移栽后15天 | 41.7% 氟吡菌酰胺悬浮剂 | 0.024～0.030毫升/株 | 灌根 | |
| | 移栽后15天 | 1% 氨基寡糖素可溶液剂 | 300～400毫升/亩 | 灌根 | |
| 蚜虫 | 发生初期 | 80亿CFU/毫升金龟子绿僵菌CQMa421可分散油悬浮剂 | 40～60毫升/亩 | 喷雾 | |

（续表）

| 防治对象 | 防治时期 | 农药名称 | 使用剂量 | 施药方法 | 安全间隔期（天数） |
|---|---|---|---|---|---|
| 蚜虫 | 发生初期 | 1.5% 苦参碱可溶液剂 | 30～40 毫升/亩 | 喷雾 | |
| | 定植前 | 5% 吡虫啉片剂 | 130～195 毫克/株 | 穴施 | |
| | 发生初期 | 70% 啶虫脒水分散粒剂 | 2～2.5 克/亩 | 喷雾 | 1 |
| | 发生初期 | 36% 噻虫啉水分散粒剂 | 9～19 克/亩 | 喷雾 | 2 |
| | 发生初期 | 20% 氟啶虫酰胺悬浮剂 | 15～25 毫升/亩 | 喷雾 | 3 |
| | 发生初期 | 22% 氟啶虫胺腈悬浮剂 | 7.5～12.5 毫升/亩 | 喷雾 | 3 |
| | 发生初期 | 10% 溴氰虫酰胺可分散油悬浮剂 | 18～40 毫升/亩 | 喷雾 | 3 |
| | 发生初期 | 50% 吡蚜酮水分散粒剂 | 10～15 克/亩 | 喷雾 | 3 |
| | 发生初期 | 60% 氟啶·噻虫嗪水分散粒剂 | 4～6 克/亩 | 喷雾 | 3 |
| | 发生初期 | 35% 高氯·矿物油乳油 | 40～50 毫升/亩 | 喷雾 | 3 |
| | 孵化盛期 | 2% 高效氯氰菊酯烟剂 | 225～270 克/亩 | 点燃放烟 | 3 |
| | 孵化盛期 | 15% 啶虫脒烟剂 | 15～25 克/亩 | 点燃放烟 | 3 |

（续表）

| 防治对象 | 防治时期 | 农药名称 | 使用剂量 | 施药方法 | 安全间隔期（天数） |
|---|---|---|---|---|---|
| 烟粉虱 | 发生初期 | 200万CFU/毫升耳霉菌悬浮剂 | 150～230毫升/亩 | 喷雾 | |
| | 发生初期 | 0.5%藜芦根茎提取物可溶液剂 | 70～80毫升/亩 | 喷雾 | |
| | 黄瓜苗期 | 19%溴氰虫酰胺悬浮剂 | 4.1～5.0毫升/米$^2$ | 苗床喷淋 | |
| | 移栽期 | 2%吡虫啉颗粒剂 | 3000～4000克/亩 | 撒施 | |
| | 发生初期 | 10%啶虫脒可溶液剂 | 10.0～13.5克/亩 | 喷雾 | 3 |
| | 发生初期 | 25%噻虫嗪水分散粒剂 | 10～12克/亩 | 喷雾 | 5 |
| | 发生初期 | 22%氟啶虫胺腈悬浮剂 | 15～23毫升/亩 | 喷雾 | 3 |
| | 发生初期 | 10%吡虫啉可湿性粉剂 | 10～20克/亩 | 喷雾 | 7 |
| | 发生初期 | 10%溴氰虫酰胺可分散油悬浮剂 | 33.3～40.0毫升/亩 | 喷雾 | 3 |
| | 发生初期 | 75%吡蚜·螺虫酯水分散粒剂 | 8～12克/亩 | 喷雾 | 3 |
| | 发生初期 | 22%螺虫·噻虫啉悬浮剂 | 30～40毫升/亩 | 喷雾 | 3 |
| | 盛发期 | 0.5%苦皮藤提取物烟剂 | 350～400克/亩 | 点燃防烟 | |

（续表）

| 防治对象 | 防治时期 | 农药名称 | 使用剂量 | 施药方法 | 安全间隔期（天数） |
|---|---|---|---|---|---|
| 蓟马 | 移栽前2天 | 19%溴氰虫酰胺悬浮剂 | 3.8～4.7毫升/米² | 苗床喷淋 | |
| | 发生初期 | 20%啶虫脒可溶液剂 | 7.5～10毫升/亩 | 喷雾 | 2 |
| | 发生初期 | 10%溴氰虫酰胺可分散油悬浮剂 | 33.3～40.0毫升/亩 | 喷雾 | 3 |
| | 发生初期 | 20%甲维·吡丙醚悬浮剂 | 20～30毫升/亩 | 喷雾 | 3 |
| | 发生初期 | 40%氟啶·吡蚜酮水分散粒剂 | 16～20克/亩 | 喷雾 | 3 |
| 斑潜蝇 | 移栽前2天 | 19%溴氰虫酰胺悬浮剂 | 2.8～3.6毫升/米² | 苗床喷淋 | |
| | 低龄幼虫高峰期 | 50%灭蝇胺可湿性粉剂 | 15～25克/亩 | 喷雾 | 2 |
| | 低龄幼虫发生初期 | 10%溴氰虫酰胺可分散油悬浮剂 | 14～18毫升/亩 | 喷雾 | 3 |
| | 低龄幼虫发生初期 | 60%噻虫·灭蝇胺水分散粒剂 | 20～26克/亩 | 喷雾 | 5 |
| 瓜绢螟 | 移栽前2天 | 19%溴氰虫酰胺悬浮剂 | 2.6～3.3毫升/米² | 苗床喷淋 | |

　　注：农药使用以最新版本NY/T 393《绿色食品　农药使用准则》的规定为准。

# 绿色防控技术指南

## 1 生产概况

番茄为茄科大宗蔬菜作物，在我国广泛种植，目前全国种植面积超过 1700 万亩，产区主要集中在山东、河北、江苏、河南、广东、云南等地，其中山东、河北、江苏、河南等地种植面积超过 100 万亩。设施栽培面积超过露地种植面积。番茄生产过程中的重大病害有 11 种（类），主要虫害有 6 种（类），也有草害发生。为了保障番茄绿色生产及其产品质量安全，制定其病虫草害绿色防控技术指南如下。

## 2 常见病虫草害

### 2.1 病害

灰霉病（病原为灰葡萄孢菌）、早疫病（病原为茄链格孢等）、晚疫病（病原为致病疫霉菌）、灰叶斑病（病原为茄匍柄霉）、叶霉病（病原为黄褐孢霉菌）、枯萎病（病原为尖孢镰孢菌）、溃疡病（病原为密执安棒形杆菌密执安亚种）、青枯病（病原为茄科雷尔氏菌）、细菌性斑点病（病原为丁香假单胞杆菌番茄致病变种）、根结线虫病（病原为南方根结线虫）、病毒病［如番茄斑萎病毒（TSWV）、番茄黄化曲叶病毒（TYLCV）、番茄褪绿病毒（ToCV）、番茄花叶病毒病（ToMV）］等。

## 2.2　虫害

粉虱（优势种为烟粉虱）、蚜虫（主要为桃蚜）、斑潜蝇、棉铃虫、甜菜夜蛾、南美番茄潜叶蛾等。

## 2.3　草害

灰绿藜、反枝苋、苍耳、龙葵、蒲公英、狗尾草、田旋花、菟丝子等。

# 3　防治原则

对于番茄病虫害的防控，按照"预防为主、综合防治"的植保原则，在做好田间监测的基础上，采用农业措施、栽培措施、物理防治、生物防治以及科学合理的化学防治相结合的绿色综合防控技术，实现对番茄病虫害的高效防控，同时保障番茄的绿色健康生产。

# 4　农业防治

## 4.1　抗性品种

各地依据其种植习惯及市场需求，因地制宜选择适合当地种植的抗病／耐病品种，以减轻病虫害的发生。近年我国培育出来的番茄品种基本抗番茄黄化曲叶病毒（TYLCV）病，植株综合抗性明显提升。渝抗 10 号、赣番茄 2 号、夏星、益丰 2 号、杂优 1 号、杂优 3 号、抗青 19 等为抗青枯病品种，东农 708、牟番 1 号、金棚 M6088、博格特等为抗根结线虫病品种。

## 4.2 种子处理

番茄种子在播种前，进行种子消毒处理，可灭除种子上所带的多种病原菌。

温汤浸种：先把番茄的种子于凉水中浸 10 分钟，捞出再将种子在 56℃的温水中浸 30 分钟，其间不断搅动并补充热水维持水温，随后将种子捞出放入凉水中散去余热，再浸泡 4～5 小时，对叶霉病、细菌性斑点病等具有预防效果。

药剂浸种：播种前用清水浸种 3～4 小时，再将种子放入 10% 磷酸三钠溶液中浸 40～50 分钟，或用 0.1% 高锰酸钾溶液浸种 30 分钟，捞出后用清水冲洗干净，催芽播种。该处理方法可以预防番茄病毒病。

干热灭菌：把种子摊开放在恒温干燥器内，70～80℃干热处理 72 小时，使种子表面及内部的病原物失活。注意不同的种子在干热前应进行预试验，找到合适处理条件，以确保安全。处理时须严格控制温度。

## 4.3 嫁接防病

各地区依据当地发生的主要土传病害种类，选用适宜的抗病砧木（如抗青枯病的抗青一号、托鲁巴姆、番砧 1 号、茄砧 21 等，抗番茄枯萎病的劲霸、CHENG GONG 和 TMS-150 等，抗根结线虫病的番砧 1 号、科砧 2 号、托鲁巴姆、野生番茄等）作为接穗进行嫁接，并做好嫁接苗的成活管理。嫁接栽培有利于克服连作障碍，降低枯萎病等病害的发生程度。

## 4.4　田园管理

### 4.4.1　培育壮苗

育苗房与生产田分开，防止病虫害在苗房和生产田之间扩散迁移。采用营养钵、营养盘等育苗方式，苗床用无病新土，培育健壮净苗。定植时，避免伤根。

### 4.4.2　合理轮作

避免番茄、甜（辣）椒、茄子和马铃薯连作，番茄青枯病等发生严重的田块与十字花科、瓜类、禾本科、葱蒜类等作物轮作3年以上。

### 4.4.3　田园清洁

农事操作时，及时摘除病叶、病果、残留花瓣和柱头，及时清除田间及周边杂草，清理完带出田外，并集中深埋、沤肥或销毁。田间湿度大时，尽量避免进行整枝、打杈等农事操作。

## 4.5　栽培防病

优化适宜作物生长的环境，使之不利于病害发生流行。

### 4.5.1　高畦栽培

采用高畦栽培，膜下滴灌，避免大水漫灌，浇水在晴天上午进行。

### 4.5.2　水肥管理

施用腐熟的农家肥或酵素菌沤制的堆肥，采用配方施肥，增施有机肥，适当减施氮磷钾，提高植株抗性。加强中后期的水肥管理，补施钙和镁，降低番茄脐腐病、裂果病、日灼病等生理性病害的发生。

### 4.5.3　通风降湿

棚室栽培空气湿度大时或浇水后，及时放风，排湿降温，可预防或减轻病害。

## 5　物理防治

### 5.1　土壤高温消毒

番茄定植前及早腾地，深翻晒垄。设施栽培夏季休闲期间，先深翻松土，按每 1000 米$^2$ 面积备用稻草或麦秸 2000 千克，切成 4~6 厘米撒于地表，把 50% 氰氨化钙颗粒剂 100 千克均匀撒于地表，通过翻耕使其和土壤混匀，做成小畦后，浇水使土壤达到饱和，覆盖地膜，密闭棚室 20~30 天，揭膜翻耕后敞气 7~10 天后定植作物，对青枯病、枯萎病、根结线虫病等土传病害有良好防效。

### 5.2　防虫网阻隔

设施栽培的番茄田，可在棚室的门窗及通风口处设置 50~60 筛目的防虫网，门口处设置缓冲间，防止粉虱、蚜虫、甜菜夜蛾等的成虫迁入棚室内产卵为害。

### 5.3　粘虫板诱杀

利用害虫的趋色性，设施棚室内悬挂黄色粘虫板（规格为 25 厘米 ×20 厘米）20~30 块/亩，可诱杀粉虱、蚜虫、斑潜蝇等的成虫，粘虫板垂直悬挂，下沿略高于植株顶端，并随植株生长进行调整。释放寄生性天敌昆虫前移除粘虫板。

## 6 生物防治

### 6.1 生物药剂防病

防治番茄灰霉病，在发病前或发病初期选择 1000 亿 CFU/克枯草芽孢杆菌可湿性粉剂 60～80 克 / 亩、2 亿 CFU/ 克木霉菌可湿性粉剂 125～250 克 / 亩、10 亿 CFU/ 克解淀粉芽孢杆菌 QST713 悬浮剂 350～500 毫升 / 亩或 0.5% 小檗碱水剂 200～250 毫升 / 亩等均匀喷雾。

防治番茄早疫病，可在发病前或发病初期选择 9% 互生叶白千层提取物乳油 67～100 毫升 / 亩或 1.5% 多抗霉素可湿性粉剂 300～360 克 / 亩等均匀喷雾。

防治番茄晚疫病，可于发病初期喷施 5% 氨基寡糖素可溶液剂 20～25 毫升 / 亩、2% 几丁聚糖水剂 125～150 毫升 / 亩或 3% 多抗霉素可湿性粉剂 356～600 克 / 亩等。

防治番茄细菌性斑点病，可在发病前或初期选择喷施 3% 春雷素·多黏菌悬浮剂 60～120 毫升 / 亩。

防治番茄青枯病，可选择于播种后 10～15 天在苗床或营养钵采用 50 亿 CFU/ 克多黏类芽孢杆菌可湿性粉剂 1000～1500 倍液进行泼浇，大田定植缓苗后灌根，共施药 3 次，第一次泼浇施药液量 50 毫升 / 株，第二次灌根施药液量 200 毫升 / 株，第三次灌根施药液量 250 毫升 / 株；也可在苗期选择 10 亿 CFU/ 克解淀粉芽孢杆菌 QST713 悬浮剂按照 10 毫升 / 米$^2$ 的剂量泼浇苗床，或按 350～500 毫升 / 亩的剂量灌根；还可在苗期采用 1 亿 CFU/毫升枯草芽孢杆菌水剂进行灌根，具体为播种后及苗期 2～3 叶时每平方米浇灌 300 倍液 2000 毫升，移栽后用 300～500 倍液灌根，每株 100 毫升，每隔 7 天灌根一次，共灌根 4 次；此外，可在移栽时穴施 0.5% 中生菌素颗粒剂 2500～3000 克/亩进行预防；也可在番茄植株发病前或发病初期，采用 5 亿 CFU/克荧光假单胞杆菌可湿性粉剂 300～600 倍液灌根。

防治番茄根结线虫病，可在播种或移栽前采用 5 亿 CFU/克淡紫拟青霉颗粒剂 3000～3500 克/亩均匀沟施在种子或幼苗根系附近，施药深度为 20 厘米左右，施药 1 次；或在移栽时穴施 5 亿 CFU/克杀线虫芽孢杆菌 B16 粉剂 1500～2500 克/亩，按药剂∶细土 =1∶60 的比例混匀，穴施后移栽；或在定植时和定植 1 周后，选择 200 亿 CFU/克苏云金杆菌 HAN055 可湿性粉剂 1500～2500 克/亩，加足量水后灌根；或在植株发病前或发病初期采用 10 亿 CFU/毫升蜡质芽孢杆菌悬浮剂 4～7 升/亩灌根。

番茄病毒病的防治，可在发病前选择 1% 香菇多糖水剂 150～250 毫升/亩、6% 低聚糖素水剂 62～83 毫升/亩、3% 氨基寡糖素水剂 140～180 毫升/亩、0.5% 几丁聚糖水剂 300～500 倍液、8% 宁南霉素可溶液剂 85～100 毫升/亩或 8% 氨基寡糖素·宁南霉素水剂 75～100 毫升/亩等喷雾预防。

## 6.2 生物药剂防虫

粉虱发生初期，可选用 80 亿 CFU/毫升金龟子绿僵菌 CQMa421 可分散油悬浮剂 60～90 毫升/亩、100 亿 CFU/毫升球孢白僵菌 ZJU435 可分散油悬浮剂 60～80 毫升/亩、88% 硅藻土可湿性粉剂 1000～1500 克/亩或 18% d- 柠檬烯可溶液剂 30～40 毫升/亩等喷雾防治。

防治蚜虫，可于发生初期喷施 1.5% 苦参碱可溶液剂 30～40 毫升/亩，每季最多施用 1 次。

防治棉铃虫，在卵孵化盛期至低龄幼虫期及时喷施 20 亿 PIB/毫升棉铃虫核型多角体病毒悬浮剂 50～60 毫升/亩或 3.2 万

IU/ 毫克苏云金杆菌 G033A 可湿性粉剂 125～150 克 / 亩。

防治甜菜夜蛾，在卵孵化盛期至低龄幼虫盛发期，采用 300 亿 PIB/ 克甜菜夜蛾核型多角体病毒水分散粒剂 2～5 克 / 亩，在害虫喜欢取食部位喷雾。

## 6.3　天敌生物防虫

棚室内粉虱的生物防治，可于发生初期（黄板上发现粉虱或植株上成虫数量大于 0.1 头 / 株时）悬挂丽蚜小蜂或桨角蚜小蜂的蜂卡，每次放蜂量 2000 头 / 亩，隔 7～10 天释放一次，连续释放 2～3 次。释放天敌后，尽量不施用化学药剂，必要时可施用对天敌友好的低毒药剂。

## 6.4　性诱剂诱杀

棉铃虫、甜菜夜蛾、南美番茄潜叶蛾的成虫发生期，田间分别悬挂其种类特异性的性诱剂诱杀雄虫，干扰雌雄蛾交配，可明显减少田间落卵量，降低幼虫数量。具体设置数量及更换时间依据不同产品的使用说明书进行。

## 7　化学防治

## 7.1　番茄病害

番茄病害的化学防治应将发病前保护性措施和发病初期治疗性措施相结合。

### 7.1.1　灰霉病

防治番茄灰霉病，可于发病前或发病初期选择 50% 异菌脲可湿性粉剂 50～100 克 / 亩、43% 啶酰菌胺悬浮剂 30～50 毫升 /

亩、40% 嘧霉胺悬浮剂 62～94 毫升 / 亩、22.5% 啶氧菌酯悬浮剂 26～36 毫升 / 亩、50% 克菌丹可湿性粉剂 155～190 克 / 亩、50% 腐霉利可湿性粉剂 50～100 克 / 亩、50% 氟啶胺水分散粒剂 27～33 克 / 亩、30% 咯菌腈悬浮剂 9～12 毫升 / 亩、27% 啶酰·嘧菌酯悬浮剂 44～67 毫升 / 亩、50% 啶酰·咯菌腈水分散粒剂 40～50 克 / 亩、38% 唑醚·啶酰菌悬浮剂 30～50 毫升 / 亩、65% 啶酰·腐霉利水分散粒剂 60～80 克 / 亩、40% 嘧霉·多菌灵可湿性粉剂 88～113 克 / 亩、45% 异菌·氟啶胺悬浮剂 40～50 毫升 / 亩、40% 咯菌腈·异菌脲悬浮剂 20～30 毫升 / 亩或 30% 嘧菌·腐霉利悬浮剂 100～110 毫升 / 亩等，叶面均匀喷雾。

保护地栽培中，可以采用弥粉法施药防病技术，还可选择 10% 腐霉利烟剂 200～300 克 / 亩或 15% 腐霉·多菌灵烟剂 340～400 克 / 亩，点燃放烟进行防控。

## 7.1.2 早疫病

防治番茄早疫病，可于发病前或发病初期选择 50% 异菌脲可湿性粉剂 50～100 克 / 亩、25% 嘧菌酯悬浮剂 24～32 毫升 / 亩、10% 苯醚甲环唑水分散粒剂 67～100 克 / 亩、30% 醚菌酯悬浮剂 40～60 毫升 / 亩、75% 代森锰锌水分散粒剂 150～200 克 / 亩、50% 肟菌酯水分散粒剂 8～10 克 / 亩、80% 多菌灵水分散粒剂 62.5～80 克 / 亩、50% 啶酰菌胺水分散粒剂 20～30 克 / 亩或选择一些复配制剂（具体参数见附录 B），进行叶面喷雾。

## 7.1.3 晚疫病

防治番茄晚疫病，可于发病前或发病初期选择 90% 三乙膦酸铝可溶粉剂 176～200 克 / 亩、40% 喹啉铜悬浮剂 25～30 毫升 / 亩、250 克 / 升嘧菌酯悬浮剂 60～90 毫升 / 亩、100 克 / 升氰霜唑悬浮剂 53～67 毫升 / 亩、20% 氟吡菌胺悬浮剂 25～35 毫升 /

亩、23.4% 双炔酰菌胺悬浮剂 30～40 毫升 / 亩、50% 氟啶胺水分散粒剂 25～35 克 / 亩、75% 代森锰锌水分散粒剂 175～200 克 / 亩、30% 氟吗啉悬浮剂 30～40 毫升 / 亩或选择一些复配制剂（具体参数参见附录 B），进行叶面喷雾。

### 7.1.4 灰叶斑病

防控番茄灰叶斑病，可在发病初期喷施咯菌腈或苯醚甲环唑，具体参考 7.1.1 灰霉病化学防治中 30% 咯菌腈悬浮剂的用药量，以及 7.1.2 早疫病化学防治中 10% 苯醚甲环唑水分散粒剂的用药量。

### 7.1.5 叶霉病

防治番茄叶霉病，可在发病初期喷施 10% 氟硅唑水乳剂 40～50 毫升 / 亩、50% 甲基硫菌灵可湿性粉剂 50～75 克 / 亩、50% 克菌丹可湿性粉剂 125～187 克 / 亩、250 克 / 升嘧菌酯悬浮剂 60～90 毫升 / 亩、35% 氟菌·戊唑醇悬浮剂 30～40 毫升 / 亩、43% 氟菌·肟菌酯悬浮剂 20～30 毫升 / 亩、400 克 / 升克菌·戊唑醇悬浮剂 40～60 毫升 / 亩、47% 锰锌·腈菌唑可湿性粉剂 100～135 克 / 亩、30% 春雷·霜霉威水剂 90～150 毫升 / 亩或 25% 甲硫·腈菌唑可湿性粉剂 100～140 克 / 亩等。

保护地栽培中，还可采用 15% 抑霉唑烟剂，用药量 0.3～0.5 克 / 米$^2$，在番茄个别叶片出现病斑时开始熏烟防治。

### 7.1.6 枯萎病

防治番茄枯萎病，可采用 1.2 亿 CFU/ 克解淀粉芽孢杆菌 B1619 水分散粒剂撒施防治。施药时间分别在定植、第一次浇水、第二次浇水时，间隔 7～10 天，共施药 3 次。定植时开沟，将解淀粉芽孢杆菌 B1619 水分散粒剂（16 千克 / 亩）撒施沟中，移栽番茄苗，再浇透水；定植后 7～10 天，第一次和第二次浇水前，将淀粉芽孢杆菌 B1619 水分散粒剂 3～4 克 / 棵（8 千克 / 亩）撒施（或穴施）于番茄根部，随后浇水。

### 7.1.7 溃疡病

防治番茄溃疡病，可在发病前或发病初期喷施 46% 氢氧化铜水分散粒剂 30～40 克 / 亩或 77% 硫酸铜钙可湿性粉剂 100～120 克 / 亩等。

### 7.1.8 青枯病

防治番茄青枯病，可在发病前或发生初期选用 3% 中生菌素可湿性粉剂 600～800 倍液、10% 中生·寡糖素可湿性粉剂 1600～2000 倍液或 40% 春雷·噻唑锌悬浮剂 80～100 毫升 / 亩等灌根。

### 7.1.9 细菌性斑点病

防治番茄细菌性斑点病，可在发病前或发病初期喷施具有兼治作用的 40% 春雷·噻唑锌悬浮剂 80～100 毫升 / 亩。

### 7.1.10 根结线虫病

在番茄移栽前，将 98% 棉隆颗粒剂（30～40 克 / 米$^2$）与细沙土混合均匀后撒施于土壤表面，立即用旋耕机旋耕，然后采用内测压膜法覆盖塑料薄膜，密闭熏蒸 20 天，揭膜敞气 10～15 天后移栽番茄苗；也可采用 35% 威百亩水剂 4000～6000 克 / 亩进行沟施，具体方法为，每亩用威百亩水剂加水稀释（视土壤湿度而定），于番茄移栽前 20 天以上，在地面开沟，沟深 20 厘米，沟距 20 厘米，将稀释的药液均匀施于沟内，盖土压实后，覆盖地膜进行熏蒸处理（土壤干燥时可增加水量稀释药液），15 天后去掉地膜，翻耕透气 5 天以上，再进行移栽；还可在番茄定植前

15 天沟施 50% 氰氨化钙颗粒剂 48～64 千克 / 亩，覆膜 15～20 天后揭膜翻耕，敞气 5～7 天后进行移栽；在移栽当天也可采用 41.7% 氟吡菌酰胺悬浮剂按照 0.024～0.030 毫升 / 株的用量进行灌根处理。

### 7.1.11　病毒病

发病前或发病初期，喷施前述植物诱抗剂，提高植株抗病毒能力；及时防控烟粉虱等媒介昆虫，降低番茄病毒病发生风险。

## 7.2　番茄虫害

对于粉虱、斑潜蝇等体型微小的害虫，宜密切做好田间监测，在发生初期及时采取防控措施。甜菜夜蛾、棉铃虫在低龄幼虫期施药防治。南美番茄潜叶蛾为外来入侵性害虫，应严密监测，不从疫区调运种苗，阻止其随种苗异地扩散。

### 7.2.1　烟粉虱

烟粉虱化学防控可采用苗床喷淋、苗期灌根、叶面喷雾或点燃熏烟的施药方式。

苗床喷淋：番茄苗移栽前 2 天，可采用 19% 溴氰虫酰胺悬浮剂，按照 4.1～5.0 毫升 / 米² 的剂量进行苗床喷淋（用喷壶或去掉喷头的喷雾器等喷淋），然后带土移栽。需要注意，喷淋前须适当晾干苗床，喷淋时须浸透土壤，做到湿而不滴，根据苗床土壤的湿度情况，每平方米苗床使用 2～4 升药液。该方法还可同时兼治蚜虫、甜菜夜蛾等害虫。

苗期灌根：番茄移栽前 2 天，采用 25% 噻虫嗪水分散粒剂 2000～4000 倍液（0.12～0.20 克 / 株），苗期灌根或喷淋。

叶面喷雾：番茄生长期内防控粉虱，可在发生初期喷施 70% 啶虫脒水分散粒剂 2～3 克 / 亩、70% 吡虫啉水分散粒剂 4～6 克 /

亩、25% 噻虫嗪水分散粒剂 7～15 克 / 亩、10% 溴氰虫酰胺可分散油悬浮剂 43～57 毫升 / 亩、99% 矿物油乳油 300～500 克 / 亩、22% 螺虫·噻虫啉悬浮剂 30～40 毫升 / 亩、10% 吡丙·吡虫啉悬浮剂 30～50 克 / 亩或 20% 高氯·噻嗪酮乳油 65～80 克 / 亩；也可在产卵初期至始盛期用 22.4% 螺虫乙酯悬浮剂 20～30 毫升 / 亩、40% 噻嗪酮悬浮剂 20～25 毫升 / 亩或 100 克 / 升吡丙醚乳油 47.5～60.0 毫升 / 亩，叶面均匀喷施。

点燃熏烟：保护地栽培的番茄粉虱成虫发生盛期，可采用3% 高效氯氰菊酯烟剂 150～350 克 / 亩，均匀布点，在傍晚封棚后点燃放烟进行防控。

### 7.2.2 蚜虫

蚜虫发生初期，可选用 10% 溴氰虫酰胺可分散油悬浮剂 33.3～40.0 毫升 / 亩或 5% 高氯·啶虫脒乳油 35～40 毫升 / 亩，叶面喷雾，侧重喷施植株幼嫩部位。

### 7.2.3 斑潜蝇

防控番茄斑潜蝇抓住其发生初期，选择 10% 溴氰虫酰胺可分散油悬浮剂 14～18 毫升 / 亩或 4.5% 高效氯氰菊酯乳油 28～33 毫升 / 亩进行喷雾施药。斑潜蝇体型微小，须注意均匀施药。

### 7.2.4 棉铃虫

棉铃虫化学防治须加强田间监测，抓住卵孵化期和低龄幼虫期及时用药。可于棉铃虫卵孵化盛期至低龄幼虫期采用 50 克 / 升虱螨脲乳油 50～60 毫升 / 亩，或于卵孵化盛期采用 10% 溴氰虫酰胺可分散油悬浮剂 14～18 毫升 / 亩，或于 2 龄幼虫高峰期采用 2% 甲氨基阿维菌素苯甲酸盐乳油 28.5～38.0 毫升 / 亩，喷雾防治。

7.2.5 甜菜夜蛾

番茄苗移栽前 2 天，可采用 19% 溴氰虫酰胺悬浮剂 2.4～2.9 毫升 / 米$^2$ 进行苗床喷淋（用喷壶或去掉喷头的喷雾器等喷淋），然后带土移栽，注意事项同 7.2.1 烟粉虱防治。

7.2.6 南美番茄潜叶蛾

可参考 7.2.4 棉铃虫的防治用药。

## 7.3 番茄草害

番茄草害的化学防治，可选择 960 克 / 升精异丙甲草胺乳油，按照推荐用量 65～85 毫升 / 亩（东北地区）或 50～65 毫升 / 亩（其他地区），于番茄移栽前进行土壤均匀喷雾，防控一年生禾本科杂草及部分阔叶杂草，如稗草、狗尾草、荠菜、苋菜等。

# 附录 A　番茄重要病虫害及其为害症状

番茄病虫害及其为害症状如图所示。

番茄灰霉病

番茄叶霉病

番茄早疫病

番茄晚疫病

番茄灰叶斑病

番茄细菌性斑点病

番茄枯萎病

番茄青枯病

番茄溃疡病

番茄根结线虫病

番茄黄化曲叶病毒病　　　　　　　番茄褪绿病毒病

烟粉虱成虫（左）及若虫（右）

绿色型桃蚜（左）和红色型桃蚜（右）

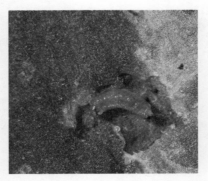

斑潜蝇幼虫（左）及其在番茄叶片上为害状（右）

棉铃虫幼虫（左）及其在番茄果实上蛀食为害状（右）

甜菜夜蛾幼虫（左）及其在番茄茎秆上为害状（右）

南美番茄潜叶蛾幼虫（左）及其在番茄叶片上为害状（右）

# 附录 B 番茄主要病虫草害防治推荐农药使用方案

推荐用于防治番茄病虫草害的部分药剂及其使用方法见下表。

**番茄主要病虫草害防治推荐农药使用方案**

| 防治对象 | 防治时期 | 农药名称 | 使用剂量 | 施药方法 | 安全间隔期（天数） |
|---|---|---|---|---|---|
| 灰霉病 | 发病前或发病初期 | 1000 亿 CFU/ 克枯草芽孢杆菌可湿性粉剂 | 60～80 克 / 亩 | 喷雾 | |
| | 发病前或发病初期 | 2 亿活 CFU/ 克木霉菌可湿性粉剂 | 125～250 克 / 亩 | 喷雾 | |
| | 发病前期 | 10 亿 CFU/ 克解淀粉芽孢杆菌 QST713 悬浮剂 | 350～500 毫升 / 亩 | 喷雾 | |
| | 发病初期 | 0.5% 小檗碱水剂 | 200～250 毫升 / 亩 | 喷雾 | |
| | 发病初期 | 50% 异菌脲可湿性粉剂 | 50～100 克 / 亩 | 喷雾 | 2 |
| | 发病前或发病初期 | 43% 啶酰菌胺悬浮剂 | 30～50 毫升 / 亩 | 喷雾 | 3 |
| | 发病前或发病初期 | 40% 嘧霉胺悬浮剂 | 62～94 毫升 / 亩 | 喷雾 | 3 |
| | 发病前或发病初期 | 22.5% 啶氧菌酯悬浮剂 | 26～36 毫升 / 亩 | 喷雾 | 5 |

（续表）

| 防治对象 | 防治时期 | 农药名称 | 使用剂量 | 施药方法 | 安全间隔期（天数） |
|---|---|---|---|---|---|
| 灰霉病 | 发病前或发病初期 | 50% 克菌丹可湿性粉剂 | 155～190克/亩 | 喷雾 | 7 |
| | 发病前或发病初期 | 50% 腐霉利可湿性粉剂 | 50～100克/亩 | 喷雾 | 14 |
| | 发病初期 | 50% 氟啶胺水分散粒剂 | 27～33克/亩 | 喷雾 | 14 |
| | 发病前或发病初期 | 30% 咯菌腈悬浮剂 | 9～12毫升/亩 | 喷雾 | 7 |
| | 发病前或发病初期 | 27% 啶酰·嘧菌酯悬浮剂 | 44～67毫升/亩 | 喷雾 | 3 |
| | 发病初期 | 50% 啶酰·咯菌腈水分散粒剂 | 40～50克/亩 | 喷雾 | 7 |
| | 发病初期 | 38% 唑醚·啶酰菌悬浮剂 | 30～50毫升/亩 | 喷雾 | 7 |
| | 发病前或发病初期 | 65% 啶酰·腐霉利水分散粒剂 | 60～80克/亩 | 喷雾 | 7 |
| | 发病前或发病初期 | 40% 嘧霉·多菌灵可湿性粉剂 | 88～113克/亩 | 喷雾 | 7 |
| | 发病初期 | 45% 异菌·氟啶胺悬浮剂 | 40～50毫升/亩 | 喷雾 | 7 |
| | 发病前或发病初期 | 40% 咯菌腈·异菌脲悬浮剂 | 20～30毫升/亩 | 喷雾 | 7 |
| | 发病前或发病初期 | 30% 嘧菌·腐霉利悬浮剂 | 100～110毫升/亩 | 喷雾 | 5 |
| | 发病初期 | 10% 腐霉利烟剂 | 200～300克/亩 | 点燃放烟 | 5 |

（续表）

| 防治对象 | 防治时期 | 农药名称 | 使用剂量 | 施药方法 | 安全间隔期（天数） |
|---|---|---|---|---|---|
| 灰霉病 | 发病初期 | 15% 腐霉·多菌灵烟剂 | 340～400克/亩 | 点燃放烟 | 7 |
| 早疫病 | 发病前或发病初期 | 9% 互生叶白千层提取物乳油 | 67～100毫升/亩 | 喷雾 | |
| | 发病初期 | 1.5% 多抗霉素可湿性粉剂 | 300～360克/亩 | 喷雾 | 7 |
| | 发病前或发病初期 | 50% 异菌脲可湿性粉剂 | 50～100克/亩 | 喷雾 | 2 |
| | 发病初期 | 25% 嘧菌酯悬浮剂 | 24～32毫升/亩 | 喷雾 | 5 |
| | 发病前或发病初期 | 10% 苯醚甲环唑水分散粒剂 | 67～100克/亩 | 喷雾 | 7 |
| | 发病前或发病初期 | 30% 醚菌酯悬浮剂 | 40～60毫升/亩 | 喷雾 | 5 |
| | 发病前或发病初期 | 75% 代森锰锌水分散粒剂 | 150～200克/亩 | 喷雾 | 7 |
| | 发病前或发病初期 | 50% 肟菌酯水分散粒剂 | 8～10克/亩 | 喷雾 | 2 |
| | 发病前或发病初期 | 80% 多菌灵水分散粒剂 | 62.5～80.0克/亩 | 喷雾 | 30 |
| | 发病前或发病初期 | 50% 啶酰菌胺水分散粒剂 | 20～30克/亩 | 喷雾 | 5 |
| | 发病前或发病初期 | 325 克/升苯甲·嘧菌酯悬浮剂 | 30～50毫升/亩 | 喷雾 | 7 |
| | 发病初期 | 35% 氟菌·戊唑醇悬浮剂 | 25～30毫升/亩 | 喷雾 | 5 |

（续表）

| 防治对象 | 防治时期 | 农药名称 | 使用剂量 | 施药方法 | 安全间隔期（天数） |
|---|---|---|---|---|---|
| 早疫病 | 发病前或发病初期 | 29% 戊唑·嘧菌酯悬浮剂 | 30～40 毫升/亩 | 喷雾 | 3 |
| | 发病初期 | 52.5% 异菌·多菌灵可湿性粉剂 | 100～150 克/亩 | 喷雾 | 7 |
| | 发病前或发病初期 | 60% 唑醚·代森联水分散粒剂 | 40～60 克/亩 | 喷雾 | 7 |
| 晚疫病 | 发病前或发病初期 | 5% 氨基寡糖素可溶液剂 | 20～25 毫升/亩 | 喷雾 | |
| | 发病初期 | 2% 几丁聚糖水剂 | 125～150 毫升/亩 | 喷雾 | |
| | 发病初期 | 3% 多抗霉素可湿性粉剂 | 356～600 克/亩 | 喷雾 | 3 |
| | 发病前或发病初期 | 90% 三乙膦酸铝可溶粉剂 | 176～200 克/亩 | 喷雾 | 3 |
| | 发病初期 | 40% 喹啉铜悬浮剂 | 25～30 毫升/亩 | 喷雾 | 3 |
| | 发病初期 | 250 克/升嘧菌酯悬浮剂 | 60～90 毫升/亩 | 喷雾 | 5 |
| | 发病初期 | 100 克/升氰霜唑悬浮剂 | 53～67 毫升/亩 | 喷雾 | 1 |
| | 发病前或发病初期 | 20% 氟吡菌胺悬浮剂 | 25～35 毫升/亩 | 喷雾 | 7 |
| | 发病初期 | 23.4% 双炔酰菌胺悬浮剂 | 30～40 毫升/亩 | 喷雾 | 7 |
| | 发病初期 | 50% 氟啶胺水分散粒剂 | 25～35 克/亩 | 喷雾 | 14 |

（续表）

| 防治对象 | 防治时期 | 农药名称 | 使用剂量 | 施药方法 | 安全间隔期（天数） |
|---|---|---|---|---|---|
| 晚疫病 | 发病前或发病初期 | 75% 代森锰锌水分散粒剂 | 175～200克/亩 | 喷雾 | 14 |
|  | 发病初期 | 30% 氟吗啉悬浮剂 | 30～40毫升/亩 | 喷雾 | 5 |
|  | 发病前或发病初期 | 70% 霜脲·嘧菌酯水分散粒剂 | 20～40克/亩 | 喷雾 | 5 |
|  | 发病初期 | 60% 唑醚·代森联水分散粒剂 | 60～80克/亩 | 喷雾 | 7 |
|  | 发病初期 | 72% 霜脲·锰锌可湿性粉剂 | 133～180克/亩 | 喷雾 | 2 |
|  | 发病前或发病初期 | 687.5 克/升氟菌·霜霉威悬浮剂 | 60～75毫升/亩 | 喷雾 | 3 |
|  | 发病前或发病初期 | 30% 氟吡菌胺·氰霜唑悬浮剂 | 30～50毫升/亩 | 喷雾 | 7 |
|  | 发病前或发病初期 | 68% 精甲霜·锰锌水分散粒剂 | 100～120克/亩 | 喷雾 | 5 |
|  | 发病前或发病初期 | 53% 烯酰·代森联水分散粒剂 | 180～200克/亩 | 喷雾 | 10 |
| 叶霉病 | 发病初期 | 0.5% 小檗碱可溶液剂 | 230～280毫升/亩 | 喷雾 | 10 |
|  | 发病初期 | 10% 多抗霉素可湿性粉剂 | 100～140克/亩 | 喷雾 | 5 |
|  | 发病初期 | 2% 春雷霉素水剂 | 140～175毫升/亩 | 喷雾 | 4 |
|  | 发病初期 | 10% 氟硅唑水乳剂 | 40～50毫升/亩 | 喷雾 | 7 |

（续表）

| 防治对象 | 防治时期 | 农药名称 | 使用剂量 | 施药方法 | 安全间隔期（天数） |
|---|---|---|---|---|---|
| 叶霉病 | 发病初期 | 50% 甲基硫菌灵可湿性粉剂 | 50～75 克/亩 | 喷雾 | 5 |
| | 发病前或发病初期 | 50% 克菌丹可湿性粉剂 | 125～187 克/亩 | 喷雾 | 7 |
| | 发病前或发病初期 | 250 克/升嘧菌酯悬浮剂 | 60～90 毫升/亩 | 喷雾 | 5 |
| | 发病初期 | 35% 氟菌·戊唑醇悬浮剂 | 30～40 毫升/亩 | 喷雾 | 5 |
| | 发病初期 | 43% 氟菌·肟菌酯悬浮剂 | 20～30 毫升/亩 | 喷雾 | 5 |
| | 发病初期 | 400 克/升克菌·戊唑醇悬浮剂 | 40～60 毫升/亩 | 喷雾 | 3 |
| | 发病前 | 47% 锰锌·腈菌唑可湿性粉剂 | 100～135 克/亩 | 喷雾 | 15 |
| | 发病初期 | 30% 春雷·霜霉威水剂 | 90～150 毫升/亩 | 喷雾 | 7 |
| | 发病初期 | 25% 甲硫·腈菌唑可湿性粉剂 | 100～140 克/亩 | 喷雾 | 10 |
| | 发病初期 | 15% 抑霉唑烟剂 | 0.3～0.5 克/米² | 点燃熏烟 | 3 |
| 枯萎病 | 定植和浇水时 | 1.2 亿 CFU/克解淀粉芽孢杆菌 B1619 水分散粒剂 | 20～32 千克/亩 | 撒施 | |
| 溃疡病 | 发病前 | 46% 氢氧化铜水分散粒剂 | 30～40 克/亩 | 喷雾 | 5 |
| | 发病前或发病初期 | 77% 硫酸铜钙可湿性粉剂 | 100～120 克/亩 | 喷雾 | 7 |

（续表）

| 防治对象 | 防治时期 | 农药名称 | 使用剂量 | 施药方法 | 安全间隔期（天数） |
|---|---|---|---|---|---|
| 青枯病 | 苗期 | 50亿CFU/克多黏类芽孢杆菌可湿性粉剂 | 1000～1500倍液 | 苗床泼浇、灌根 | |
| | 苗期 | 10亿CFU/克解淀粉芽孢杆菌QST713悬浮剂 | 10毫升/米² 或350～500毫升/亩 | 苗床泼浇、灌根 | |
| | 发病前 | 1亿CFU/毫升枯草芽孢杆菌水剂 | | 灌根 | |
| | 移栽时 | 0.5%中生菌素颗粒剂 | 2500～3000克/亩 | 穴施 | |
| | 发病前或发病初期 | 5亿CFU/克荧光假单胞杆菌可湿性粉剂 | 300～600倍液 | 灌根 | |
| | 发病前或发病初期 | 3%中生菌素可湿性粉剂 | 600～800倍液 | 灌根 | 5 |
| | 发病前或发病初期 | 10%中生·寡糖素可湿性粉剂 | 1600～2000倍液 | 灌根 | |
| | 发病前或发病初期 | 40%春雷·噻唑锌悬浮剂 | 80～100毫升/亩 | 喷雾 | 5 |
| 细菌性斑点病 | 发病前或发病初期 | 3%春雷素·多黏菌悬浮剂 | 60～120毫升/亩 | 喷雾 | 5 |
| 根结线虫病 | 播种前或移栽前 | 5亿CFU/克淡紫拟青霉颗粒剂 | 3000～3500克/亩 | 沟施 | |
| | 发病前或发病初期 | 10亿CFU/毫升蜡质芽孢杆菌悬浮剂 | 4～7升/亩 | 灌根 | |

（续表）

| 防治对象 | 防治时期 | 农药名称 | 使用剂量 | 施药方法 | 安全间隔期（天数） |
|---|---|---|---|---|---|
| 根结线虫病 | 定植时和定植 1 周后 | 200 亿 CFU/ 克苏云金杆菌 HAN055 可湿性粉剂 | 1500～2500 克 / 亩 | 灌根 | |
| | 移栽时 | 5 亿 CFU/ 克杀线虫芽孢杆菌 B16 粉剂 | 1500～2500 克 / 亩 | 穴施 | |
| | 移栽前 | 98% 棉隆颗粒剂 | 30～40 克 / 米² | 土壤处理 | |
| | 定植前 | 50% 氰氨化钙颗粒剂 | 48～64 千克 / 亩 | 沟施 | |
| | 移栽时 | 41.7% 氟吡菌酰胺悬浮剂 | 0.024～0.030 毫升 / 株 | 灌根 | |
| | 播种前或移栽前 | 35% 威百亩水剂 | 4000～6000 克 / 亩 | 沟施 | |
| 病毒病 | 发病前或发病初期 | 1% 香菇多糖水剂 | 150～250 毫升 / 亩 | 喷雾 | |
| | 发病前期 | 6% 低聚糖素水剂 | 62～83 毫升 / 亩 | 喷雾 | |
| | 发病前或发病初期 | 3% 氨基寡糖素水剂 | 140～180 毫升 / 亩 | 喷雾 | |
| | 发病前 | 0.5% 几丁聚糖水剂 | 300～500 倍液 | 喷雾 | |
| | 发病前或发生初期 | 8% 宁南霉素可溶液剂 | 85～100 毫升 / 亩 | 喷雾 | 10 |
| | 发病前期 | 8% 氨基寡糖素·宁南霉素水剂 | 75～100 毫升 / 亩 | 喷雾 | 7 |

（续表）

| 防治对象 | 防治时期 | 农药名称 | 使用剂量 | 施药方法 | 安全间隔期（天数） |
|---|---|---|---|---|---|
| 白粉虱 | 发生初期 | 80亿 CFU/毫升金龟子绿僵菌 CQMa421 可分散油悬浮剂 | 60～90 毫升/亩 | 喷雾 | |
| | 发生初期 | 100亿 CFU/毫升球孢白僵菌 ZJU435 可分散油悬浮剂 | 60～80 毫升/亩 | 喷雾 | |
| | 发生初期 | 70% 啶虫脒水分散粒剂 | 2～3克/亩 | 喷雾 | 7 |
| | 发生初期 | 70% 吡虫啉水分散粒剂 | 4～6克/亩 | 喷雾 | 5 |
| | 苗期（定植前3～5天） | 25% 噻虫嗪水分散粒剂 | 7～15克/亩（喷雾）、2000～4000倍液 0.12～0.20克/株（灌根） | 喷雾、灌根 | 7 |
| | 发生初期 | 10% 溴氰虫酰胺可分散油悬浮剂 | 43～57 毫升/亩 | 喷雾 | 3 |
| | 发生初期 | 100克/升吡丙醚乳油 | 47.5～60 毫升/亩 | 喷雾 | 7 |
| | 发生初期 | 20% 高氯·噻嗪酮乳油 | 65～80 克/亩 | 喷雾 | 2 |
| 烟粉虱 | 发生初期 | 18% d-柠檬烯可溶液剂 | 30～40 毫升/亩 | 喷雾 | |
| | 发生初期 | 99% 矿物油乳油 | 300～500 克/亩 | 喷雾 | |

（续表）

| 防治对象 | 防治时期 | 农药名称 | 使用剂量 | 施药方法 | 安全间隔期（天数） |
|---|---|---|---|---|---|
| 烟粉虱 | 产卵初期 | 22.4% 螺虫乙酯悬浮剂 | 20～30毫升/亩 | 喷雾 | 5 |
| | 产卵初期至始盛期 | 40% 噻嗪酮悬浮剂 | 20～25毫升/亩 | 喷雾 | 5 |
| | 苗期 | 19% 溴氰虫酰胺悬浮剂 | 4.1～5.0毫升/米² | 苗床喷淋 | |
| | 成虫初期至产卵初期 | 22% 螺虫·噻虫啉悬浮剂 | 30～40毫升/亩 | 喷雾 | 3 |
| 粉虱 | 发生初期 | 10% 吡丙·吡虫啉悬浮剂 | 30～50克/亩 | 喷雾 | 5 |
| | 成虫发生期（保护地） | 3% 高效氯氰菊酯烟剂 | 150～350克/亩 | 点燃放烟 | 7 |
| | 发生初期 | 88% 硅藻土可湿性粉剂 | 1000～1500克/亩 | 喷雾 | |
| 蚜虫 | 发生初期 | 1.5% 苦参碱可溶液剂 | 30～40毫升/亩 | 喷雾 | 10 |
| | 发生初期 | 10% 溴氰虫酰胺可分散油悬浮剂 | 33.3～40毫升/亩 | 喷雾 | 3 |
| | 发生初盛期 | 5% 高氯·啶虫脒乳油 | 35～40毫升/亩 | 喷雾 | 7 |
| 斑潜蝇 | 发生初期 | 10% 溴氰虫酰胺可分散油悬浮剂 | 14～18毫升/亩 | 喷雾 | 3 |
| | 发生初期 | 4.5% 高效氯氰菊酯乳油 | 28～33毫升/亩 | 喷雾 | 3 |

（续表）

| 防治对象 | 防治时期 | 农药名称 | 使用剂量 | 施药方法 | 安全间隔期（天数） |
|---|---|---|---|---|---|
| 棉铃虫 | 卵孵化盛期至低龄幼虫期 | 20亿PIB/毫升棉铃虫核型多角体病毒悬浮剂 | 50～60毫升/亩 | 喷雾 | |
| | 卵孵化盛期至低龄幼虫期 | 3.2万IU/毫克苏云金杆菌G033A可湿性粉剂 | 125～150克/亩 | 喷雾 | |
| | 卵孵化盛期至低龄幼虫期 | 50克/升虱螨脲乳油 | 50～60毫升/亩 | 喷雾 | 7 |
| | 2龄幼虫高峰期 | 2%甲氨基阿维菌素苯甲酸盐乳油 | 28.5～38.0毫升/亩 | 喷雾 | 7 |
| | 卵孵化盛期 | 10%溴氰虫酰胺可分散油悬浮剂 | 14～18毫升/亩 | 喷雾 | 3 |
| 甜菜夜蛾 | 苗期 | 19%溴氰虫酰胺悬浮剂 | 2.4～2.9毫升/米² | 苗床喷淋 | |
| | 卵孵化盛期至低龄幼虫期 | 300亿PIB/克甜菜夜蛾核型多角体病毒水分散粒剂 | 2～5克/亩 | 喷雾 | |
| 禾本科杂草及部分阔叶杂草 | 移栽前 | 960克/升精异丙甲草胺乳油 | 65～85毫升/亩（东北地区）、50～65毫升/亩（其他地区） | 土壤喷雾 | |

注：农药使用以最新版本NY/T 393《绿色食品 农药使用准则》的规定为准。

## 绿色食品 金橘
# 绿色防控技术指南

## 1 生产概况

金橘，也称金柑，是一种特色小品种柑橘类水果，近年来，随着"三避"（避晒、避雨、避寒）覆膜栽培技术的推广应用，我国金橘产业发展很快，据不完全统计，全国金橘栽培约 60 余万亩，产量约 70 万吨，主要分布在广西[①] 阳朔县和融安县、江西省遂川县、福建省尤溪县、湖南省浏阳市等地，广西阳朔县和融安县金橘产量占全国总产量的 85% 左右。金橘果实含有丰富的维生素、金橘苷等成分，风味独特，近年来越来越受到消费者的喜爱。然而，由于病虫害多发重发，农药使用频次高，加之金橘带皮食用，因此，若生产上农药使用不规范，随意加大用药浓度和次数，易导致农药残留超标，膳食风险较高。为了保障金橘绿色生产及其产品质量安全，制定其病虫草害绿色防控技术指南如下。

---

① 广西壮族自治区，全书简称广西。

## 2 常见病虫害

### 2.1 病害

树脂病、炭疽病、脚腐病、灰霉病、黄龙病、青霉病、绿霉病、酸腐病等。

### 2.2 虫害

红蜘蛛、木虱、潜叶蛾、锈壁虱、蚜虫、粉虱、蚧、蓟马、天牛、象甲、蠡斯、斜纹夜蛾等。

### 2.3 草害

铁苋菜、小飞蓬、牛筋草。

## 3 防治原则

金橘病虫草害防治应遵照"预防为主、综合防治"的理念，在田间监测预报的基础上，综合采用农业措施、生物防治、物理防治及科学合理的化学防治相结合的绿色防控技术，实现金橘病虫草害精准防控，保障金橘绿色食品安全生产。

## 4 农业防治

### 4.1 加强果园管理，重视清园环节

实施树盘翻土、地面覆盖、科学施肥、及时排水、统一放梢等农业措施，加强园内间作和生草栽培，维持良好的果园生态环境，减少病虫来源；及时修剪和清园，剪除病虫枝，清除枯枝落

叶，刮除树干翘裂皮，并将果园废弃物集中深埋、沤肥或销毁，降低病虫基数；同时，在近成熟期盖膜或遮阳网防冻害及鸟害，点施杀鼠剂防鼠害。

## 4.2 选用无病毒苗木和抗病虫的品种及砧木

在选用无病毒苗木基础上，及时精准防治柑橘木虱，可有效杜绝、延缓金橘黄龙病的发生。脆皮金橘成年树抗疮痂病，对溃疡病免疫，对黄龙病也具有较强的抗性，新发展果园可优先选择。枳壳、枸头橙和酸橙等砧木较抗脚腐病，育苗时可优先选择。

# 5 物理防治

## 5.1 杀虫灯诱杀

杀虫灯是一种绿色、高效的杀虫装置，频振式杀虫灯利用食叶害虫趋光、趋味和假死等生物特性进行有效的物理诱杀，可用于金橘虫害防治。一般常见柑橘专用杀虫灯可诱杀潜叶蛾、吸果夜蛾、卷叶蛾等害虫的成虫，有条件的果园，也可将频振式杀虫灯悬挂在水塘等水域的上方，使害虫受到电击后落入水中淹死，这样诱杀效果会更佳。

## 5.2 粘虫板诱杀

利用黄板诱杀蚜虫和粉虱、蓝板诱杀蓟马、绿球诱杀实蝇等。当前金橘生产中使用较多的主要是黄板，多在虫害发生的初期进行悬挂；当用于监测的时候，多在萌芽期就开始悬挂。悬挂的方向多以东西方向为宜，高度以粘虫色板下端距金橘顶部

15～20 厘米为宜。预防期每亩悬挂 20 厘米 ×30 厘米的粘虫板 15～20 片为宜，害虫发生期要增加悬挂的数量，每亩悬挂同等大小的粘虫板 45 片以上。

## 5.3　糖醋液诱杀

糖醋液主要诱杀吸果夜蛾、金龟子、实蝇、食蝇等害虫。对于上年虫果率 3% 以下的果园，在 5—7 月将糖醋液装入诱捕器诱杀成虫，每瓶加入糖醋液 100 毫升作为诱剂，每 7 天更换一次诱剂，如遇雨水稀释或气温过高导致诱剂提前蒸发完毕，及时更换或添加诱剂。可选择市售诱捕器或自制塑料瓶。市售诱捕器按推荐数量悬挂；自制诱捕器可选择 200～600 毫升的塑料瓶，在瓶体中上部侧面上、下对开口，尺寸约 3 厘米 ×3 厘米，向上掀开，形成避雨棚，每亩悬挂 20～30 个。诱捕器悬挂位置为树冠北面中下部背阴通风处。

## 5.4　人工捕捉害虫

天牛、蚱蝉、金龟子、蜗牛等害虫可进行人工捕捉。成虫上树后，利用其假死性振摇树枝，使其跌落在树下铺的塑料布上，然后集中收集销毁。

## 5.5　人工摇花

金橘第一次和第二次花期常遇到连续阴雨天气，导致灰霉病发生严重，盛花期人工摇花，加快花瓣脱落，预防灰霉病发生效果显著。

## **6** 生物防治

### 6.1 天敌昆虫防虫

充分利用寄生性、捕食性天敌以及病原微生物，调节害虫种群密度，将其种群数量控制在为害水平以下。可在金橘园内投放天敌食料，设置天敌栖息避难和越冬场所，招引周围天敌，增加果园天敌种群数量。饲养、繁殖、释放天敌。分别在 4 月下旬和 8 月上旬投放胡瓜钝绥螨，捕食红蜘蛛和锈壁虱。释放前 20 天左右，用 80% 代森锰锌可湿性粉剂 400～600 倍液对果园进行喷雾，减少害螨数量。一般在每棵柑橘树上放置 1 袋捕食螨，挂在树冠内第一个分叉上背阴地方，枝叶繁茂的柑橘树可适当放置 2 袋。用日本方头甲、红点唇瓢虫和黄金蚜小蜂等防治矢尖蚧，用松毛虫赤眼蜂等防治卷叶蛾。释放天敌后，尽量不施用化学药剂，以免杀伤天敌。果园内放养鸡、鸭、鹅等，啄食蜗牛、象甲等害虫。

### 6.2 利用性诱剂防治金橘虫害

柑橘害虫性诱剂主要是指柑橘小实蝇诱剂、柑橘大实蝇性诱剂和柑橘潜叶蛾诱剂等，在果实转色期，在柑橘树距树冠边缘 1/3 处悬挂诱捕器，平均每亩悬挂诱捕器 4 个即可。

### 6.3 微生物源药剂和植物源药剂防治金橘病虫害

苏云金杆菌、金龟子绿僵菌、印楝素等微生物源药剂和植物源药剂可防治红蜘蛛、蚜虫、潜叶蛾、木虱蓟马等。

苏云金杆菌于卵孵化盛期和低龄幼虫发生初期喷施，通常比化学农药提前 2～3 天使用，按 1.6 万 IU/ 毫克苏云金杆菌可湿性粉剂 150～250 克 / 亩剂量连续喷 2 次，每次间隔 7～10 天。

金龟子绿僵菌 CQMa421 的有效成分为杀虫真菌绿僵菌的分生孢子，防控金橘木虱，可在卵孵化盛期或低龄幼虫期喷施 80 亿 CFU/ 毫升金龟子绿僵菌 CQMa421 可分散油悬浮剂 1000～2000 倍液。

印楝素用于防治金橘潜叶蛾，于卵孵化盛期或低龄幼虫期施药，视虫害发生情况，用 0.3% 印楝素乳油 400～600 倍液均匀喷雾，每 7～10 天施药一次，可连续用药 3 次。

## 7　化学防治

### 7.1　金橘病害

#### 7.1.1　树脂病（砂皮病 / 黑点病）

采用枝干石灰涂白或捆草绳等方式预防金橘树冬季冻伤，春季彻底刮除枝干病组织，再涂抹果树专用的伤口保护剂，也可用利刀纵划病部，深达木质部，上下超出染病组织 1 厘米左右，划线间隔 0.5 厘米左右，然后涂药，涂药时间分 5 月、9 月两期，每周涂药 1 次，每期 3～4 次，药剂可用 70% 甲基硫菌灵可湿性粉剂 800～1200 倍液或 20% 氟硅唑可湿性粉剂 2000～3000 倍液。

视橘园历年病害发生情况、冬季冻害和果园枯枝数量，以及新梢期的降雨情况，自春梢萌发时至果实转色，每隔 14～21 天喷施一次杀菌剂，保护新梢并预防果实黑点病发生。如遇连续高温干旱，可延长间隔期，反之则缩短。药剂首选 80% 代森锰锌可湿性粉剂 400～600 倍液或 430 克 / 升代森锰锌悬浮剂 200～600 倍液；也可选用 64% 苯甲·锰锌可湿性粉剂 500～1500 倍液、25% 吡唑醚菌酯悬浮剂 1000～1500 倍液、30% 唑醚·戊唑醇悬浮剂 1500～2000 倍液、75% 肟菌·戊唑醇水分散粒剂 4000～6000 倍液或 50% 唑醚·喹啉铜水分散粒剂 1000～2000 倍液。金橘为多批次果，重点针对第一、第二批次的果实进行防控。

### 7.1.2 炭疽病

金橘炭疽病一般在 1/3～3/4 的春梢长出 1 厘米长时进行第一次防治，隔 5～7 天进行第二次防治。药剂可选用 80% 代森锰锌可湿性粉剂 400～600 倍液、75% 肟菌·戊唑醇水分散粒剂 4000～6000 倍液、325 克/升苯甲·嘧菌酯悬浮剂 1500～2000 倍液、12.5% 氟环唑悬浮剂 2000～2400 倍液或 30% 吡唑醚菌酯悬浮剂 1500～2000 倍液等。可结合二氢钾或氨基酸叶面肥的使用交替用药。

### 7.1.3 脚腐病

可用 60% 吡唑·代森联可湿性粉剂 750～1000 倍液或 250 克/升吡唑醚菌酯乳油 2000～3000 倍液，涂抹病部，操作方法参考 7.1.1 树脂病防治方法。

### 7.1.4 灰霉病

花期遇雨，盛花期摇花促使花瓣尽早脱落。在萌芽期、开花期、谢花后、幼果期喷药预防。目前柑橘灰霉病无登记药剂可用，推荐在嫩梢期使用 500 克/升氟吡菌酰胺·嘧霉胺悬浮剂 1000～2000 倍液等。

### 7.1.5 黄龙病

黄龙病是柑橘毁灭性病害，防治方法包括严格检疫、种植无病苗木、及时挖除病株及防治柑橘木虱。

（1）严格实施检疫。禁止病区的苗木和接穗向新区和无病区调运。

（2）建立无病苗圃，培育和种植无病苗木，是防治柑橘黄龙病的关键性措施。要培育出不带黄龙病及其他检疫性病虫害的无病苗木，供新区和无病区的果园种植。病区果园新种植时，也应使用无病苗木。为便于苗期集中管理和栽植后快速成林结果，建议种植无病大苗。

（3）及时挖除病株。及时挖除病株是防治黄龙病蔓延的重要措施。具体做法：对每年春、夏、秋3个梢期，尤其是秋梢期，认真逐株检查，发现病株或可疑病株，立即挖除集中烧毁。挖除病树前应对病树及附近植株喷洒40%噻虫啉悬浮剂3000～4000倍液或25%噻虫嗪水分散粒剂4000～5000倍液等药剂，以防带病柑橘木虱从病树向周围转移传播。

（4）防治柑橘木虱。防治方法见7.2.2。

### 7.1.6 青霉病、绿霉病和酸腐病

在果实开始转色后，病害的控制重点从防治黑点病转向采后病害预防。特别是采前多阴雨时，可喷施500克/升悬浮剂噻菌灵悬浮剂400～600倍液、1000亿CFU/克枯草芽孢杆菌可湿性粉剂3000～5000倍液、36%甲基硫菌灵悬浮剂800倍液或22.2%抑霉唑乳油450～900倍液等，为防止采后腐烂，可在采后24小时内用上述药剂浸果1分钟，沥（风）干后贮藏。

## 7.2 金橘虫害

害虫防控应做好田间管理和监测，在发生初期及为害虫态的低龄期及时施药防治。

### 7.2.1 红蜘蛛

绿色食品金橘生产可选用已登记的化学药剂，在金橘红蜘蛛

种群数量上升初期进行喷雾施药，推荐选用 500 克 / 升氟啶胺悬浮剂 1500～2500 倍液、45% 联肼·乙螨唑悬浮剂 8000～12000 倍液、43% 联苯肼酯悬浮剂 2000～2500 倍液或 95% 矿物油乳油 100～200 倍液等。红蜘蛛防治应遵循轮换用药原则，防止产生抗性。

### 7.2.2  木虱

金橘木虱防治必须在一定区域内统一药剂、统一时间喷药，从而达到统防统治、群防群治的目的。防治适期：秋冬期（采果后），春芽萌动前，春梢抽发期，夏梢抽发期，秋梢抽发期。防治次数：秋冬期（采果后），春芽萌动前各喷杀木虱药剂一次；各次梢期均以连喷 2 次药剂为宜，间隔时间 7～10 天。防治药剂：选用 22.4% 螺虫乙酯悬浮剂 4000～5000 倍液、30% 噻虫嗪悬浮剂 4000～6000 倍液、30% 吡丙·噻嗪酮悬浮剂 2000～3000 倍液、22% 螺虫·噻虫啉悬浮剂 3000～5000 倍液、80 亿 CFU/ 毫升金龟子绿僵菌 CQMa421 可分散油悬浮剂 1000～2000 倍液、20% 噻虫嗪·虱螨脲悬浮剂 3000～4000 倍液、10% 高氯·吡丙醚微乳剂 1500～2500 倍液或 5% 香芹酚水剂 800～1200 倍液等。

### 7.2.3  潜叶蛾

在产卵高峰期或低龄幼虫期，选择高效低毒化学药剂进行防治。可选用 20% 甲氰菊酯水乳剂 2000～3000 倍液、4.5% 高效氯氰菊酯乳油 2250～3000 倍液、25% 甲维·虱螨脲悬浮剂 8000～10000 倍液、5% 吡虫啉乳油 1000～2000 倍液、10% 虫螨腈悬浮剂 1500～2000 倍液、25% 除虫脲可湿性粉剂 2000～4000 倍液、50 克 / 升氟虫脲可分散液剂 1000～1300 倍液、40% 杀铃脲悬浮剂 5000～7000 倍液或 0.3% 印楝素乳油 400～600 倍液等进行喷施。

### 7.2.4 锈壁虱

于 6—9 月高温干旱期，锈壁虱卵孵化初期至低龄若虫期，用 10% 虱螨脲悬浮剂 3000～5000 倍液、500 克/升氟啶胺悬浮剂 1000～2000 倍液、80% 代森锰锌可湿性粉剂 400～600 倍液、25% 除虫脲可湿性粉剂 3000～4000 倍液或 5% 唑螨酯悬浮剂 1000～2000 倍液等进行防控。于晚秋时节用 45% 石硫合剂结晶粉 300～500 倍液对金橘树喷雾施药，可有效防治锈壁虱的发生。

### 7.2.5 蚜虫

在夏梢抽发期和秋梢抽发期，重点对新梢部位进行化学防治，通常可与潜叶蛾等梢期害虫共同防治。推荐选用 20% 啶虫脒可湿性粉剂 16000～20000 倍液、5% 啶虫脒乳油 4167～5000 倍液、25% 噻虫嗪水分散粒剂 10000～12000 倍液、5% 吡虫啉乳油 1500～2500 倍液、40% 辛硫·矿物油乳油 800～1000 倍液或 1.5% 苦参碱可溶液剂 3000～4000 倍液等药剂喷施。

### 7.2.6 粉虱

应充分利用座壳孢菌和寄生蜂等天敌。园内缺少天敌时可从其他果园采集带有座壳孢菌或寄生蜂的枝叶挂到橘树上进行引移。只有在金橘粉虱严重发生，天敌又少时，才考虑用药剂防治。粉虱的发生期与多数盾蚧类害虫相近，有多种药剂可兼治，故应尽量与其他害虫的防治结合进行，以减少用药。推荐在粉虱卵孵化高峰期或若虫盛发期使用 10.5% 高氯·啶虫脒乳油 2000～4000 倍液或 5% 啶虫脒乳油 2000～4000 倍液等喷施进行防治。

### 7.2.7 蚧

每年 5 月上中旬至 6 月中旬，是大多数蚧类的若虫期，也是防治的最佳时期，这期间要经常观察虫情。此时正值金橘夏梢抽发期，也是第二次生理落果高峰至幼果生长期，药剂防治能有力地压住虫口基数，阻止第一代幼蚧上果、上新梢为害。早春和晚秋分别喷施 45% 石硫合剂 180～300 倍液和 300～500 倍液效果良好，还可选用 99% 矿物油乳油 100～200 倍液、25% 噻嗪酮可湿性粉剂 1000～2000 倍液、33% 螺虫·噻嗪酮悬浮剂 3500～4500 倍液、22.4% 螺虫乙酯悬浮剂 4000～5000 倍液、30% 螺虫·吡丙醚悬浮剂 3000～5000 倍液、4.5% 高效氯氰菊酯乳油 900～1200 倍液、25% 噻虫嗪水分散粒剂 4000～5000 倍液或 20% 松脂酸钠可溶粉剂 100～150 倍液等进行防治。

### 7.2.8 蓟马

柑橘蓟马发生高峰在谢花后至幼果期。防治蓟马可在萌芽后开花前喷药 1～2 次，谢花后到幼果期喷药 1～2 次。生产上主要使用 20% 吡虫啉可溶液剂 2500～3000 倍液或 25% 噻虫嗪水分散粒剂 4000～5000 倍液等进行防控。

### 7.2.9 天牛

天牛是柑橘的主要枝干害虫，实际生产中采用人工挖卵消灭初孵幼虫、铁丝钩杀幼虫、人工捕捉成虫等物理方式防治效果较好，化学防治推荐在天牛羽化盛期喷施 40% 噻虫啉悬浮剂 3000～4000 倍液。

### 7.2.10 象甲

象甲又称象鼻虫、象虫，为害金橘的主要为柑橘灰象甲。以成虫取食嫩梢叶片和幼果，引起新梢叶片残缺刻，影响新梢生长和光合作用，随后转食幼果和夏梢，被害幼果果实伤口凹陷，果肉暴露或果实脱落。成虫盛期用 40% 辛硫磷乳油 1000～2000 倍液喷雾防治。

### 7.2.11　蚧斯

成虫和若虫取食为害金橘嫩叶、嫩梢、花和幼果，在脆皮金橘上为害较重。在 5 月低龄若虫盛发期喷药 1～2 次进行防治，可选用 20% 甲氰菊酯水乳剂 2000～3000 倍液或 4.5% 高效氯氰菊酯乳油 2250～3000 倍液等喷雾。

### 7.2.12　斜纹夜蛾

斜纹夜蛾幼虫咬食未老熟的新叶，咬成缺刻孔洞或仅存主脉。幼虫盛发期在叶背、叶面、果园地面喷药，可参考 7.2.11 蚧斯用药。

## 7.3　金橘草害

推荐人工除草，化学防治推荐在金橘园杂草发育盛期用 30% 草铵膦水剂 200～400 毫升 / 亩均匀定向喷雾于杂草茎叶上。

# 附录 A　金橘主要病虫害及其为害症状

金橘病虫害及其为害症状如图所示。

金橘树脂病为害叶片（左上为枝枯型，右上为黑点型）、枝条（左下）和果实（右下）

金橘炭疽病为害叶片（左）和果实（右）

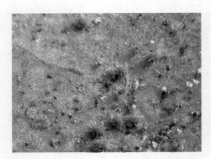

红蜘蛛为害金橘叶片（左）和果实（右）

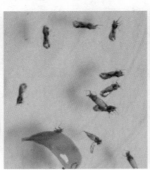

柑橘木虱若虫（左）、成虫形态（中）及其为害状（右）

潜叶蛾老熟幼虫（左）及金橘叶片受潜叶蛾为害状（右）

锈壁虱（左）及金橘果实受锈壁虱为害状（右）

金橘叶片上的蚜虫（左）及金橘叶片受蚜虫为害状（右）

金橘叶片上的粉虱（左）及座壳孢菌寄生粉虱幼虫状
（植株同时感染煤烟病）（右）

蚧为害金橘叶片（左）和果实（右）

天牛幼虫为害金橘树干状（左）及成虫形态（右）

# 附录 B 金橘主要病虫草害防治推荐农药使用方案

可用于防治金橘病虫草害的部分药剂及其使用方法见下表。

**金橘主要病虫草害防治推荐农药使用方案**

| 防治对象 | 防治时期 | 农药名称 | 使用剂量 | 施药方法 | 安全间隔期（天数） |
|---|---|---|---|---|---|
| 树脂病（黑点病） | 发病初期 | 70% 甲基硫菌灵可湿性粉剂 | 800～1200倍液 | 喷雾 | 21 |
| | 新梢抽发期、花谢 2/3、幼果发病前或发病初期 | 20% 氟硅唑可湿性粉剂 | 2000～3000倍液 | 喷雾 | 28 |
| | 发病前或发病初期 | 80% 代森锰锌可湿性粉剂 | 400～600倍液 | 喷雾 | 30 |
| | 发病前或发病初期 | 430 克/升代森锰锌悬浮剂 | 200～600倍液 | 喷雾 | 14 |
| | 发病前或发病初期 | 64% 苯甲·锰锌可湿性粉剂 | 500～1500倍液 | 喷雾 | 21 |
| | 谢花后、幼果期、果实膨大期 | 25% 吡唑醚菌酯悬浮剂 | 1000～1500倍液 | 喷雾 | 14 |
| | 发病前或发病初期 | 30% 唑醚·戊唑醇悬浮剂 | 1500～2000倍液 | 喷雾 | 14 |
| | 发病前或发病初期 | 75% 肟菌·戊唑醇水分散粒剂 | 4000～6000倍液 | 喷雾 | 21 |

（续表）

| 防治对象 | 防治时期 | 农药名称 | 使用剂量 | 施药方法 | 安全间隔期（天数） |
|---|---|---|---|---|---|
| 树脂病（黑点病） | 发病前或发病初期 | 50% 唑醚·喹啉铜水分散粒剂 | 1000～2000倍液 | 喷雾 | 28 |
| | 发病初期 | 60% 唑醚·戊唑醇水分散粒剂 | 4000～5000倍液 | 喷雾 | 14 |
| | 发病前或发病初期 | 500 克/升氟啶胺悬浮剂 | 1500～2500倍液 | 喷雾 | 28 |
| | 发病前或发病初期 | 50% 苯甲·克菌丹水分散粒剂 | 1000～2000倍液 | 喷雾 | 28 |
| | 病害发生初期，关键期为谢花后、幼果期、果实膨大期 | 80% 克菌丹水分散粒剂 | 600～1000倍液 | 喷雾 | 21 |
| | 5—8 月的大雨后或连续下小雨超过 7 天后，天晴时立即喷药 | 40% 喹啉铜悬浮剂 | 1000～1500倍液 | 喷雾 | 30 |
| 炭疽病 | 发病初期 | 27% 春雷·溴菌腈可湿性粉剂 | 2000～3000倍液 | 喷雾 | 14 |
| | 发病前或发病初期 | 80% 代森锰锌可湿性粉剂 | 400～600倍液 | 喷雾 | 30 |
| | 发病前或发病初期 | 75% 肟菌·戊唑醇水分散粒剂 | 4000～6000倍液 | 喷雾 | 28 |
| | 发病前或发病初期 | 325 克/升苯甲·嘧菌酯悬浮剂 | 1500～2000倍液 | 喷雾 | 30 |
| | 发病前或发病初期 | 12.5% 氟环唑悬浮剂 | 2000～2400倍液 | 喷雾 | 14 |

（续表）

| 防治对象 | 防治时期 | 农药名称 | 使用剂量 | 施药方法 | 安全间隔期（天数） |
|---|---|---|---|---|---|
| 炭疽病 | 发病初期 | 30% 吡唑醚菌酯悬浮剂 | 1500～2000 倍液 | 喷雾 | 21 |
| 脚腐病 | 发病前或病害初期 | 60% 吡唑·代森联可湿性粉剂 | 750～1000 倍液 | 喷雾 | 21 |
| | 发病前或病害初期 | 250 克/升吡唑醚菌酯乳油 | 2000～3000 倍液 | 喷雾 | 14 |
| 灰霉病 | 发病前 | 500 克/升氟吡菌酰胺·嘧霉胺悬浮剂 | 1000～2000 倍液 | 喷雾 | 14 |
| 黄龙病 | 天牛羽化盛期 | 40% 噻虫啉悬浮剂 | 3000～4000 倍液 | 喷雾 | 21 |
| | 蚧发生初期 | 25% 噻虫嗪水分散粒剂 | 4000～5000 倍液 | 喷雾 | 14 |
| 青霉病、绿霉病、酸腐病 | 在果实采收后 4 天内，尽快处理，最好是采收时当场处理 | 500 克/升悬浮剂噻菌灵悬浮剂 | 400～600 倍液 | 浸果 1 分钟 | 10 |
| | 果实采摘后 | 1000 亿 CFU/克枯草芽孢杆菌可湿性粉剂 | 3000～5000 倍液 | 浸果 1～2 分钟 | |
| | 采收后当天 | 36% 甲基硫菌灵悬浮剂 | 800 倍液 | 浸果 | 1 |
| | 采收后 24 小时内 | 22.2% 抑霉唑乳油 | 450～900 倍液 | 浸果 3 分钟 | 60 |
| 红蜘蛛 | 发生初期 | 500 克/升氟啶胺悬浮剂 | 1500～2500 倍液 | 喷雾 | 28 |

（续表）

| 防治对象 | 防治时期 | 农药名称 | 使用剂量 | 施药方法 | 安全间隔期（天数） |
|---|---|---|---|---|---|
| 红蜘蛛 | 种群数量上升初期 | 45% 联肼·乙螨唑悬浮剂 | 8000～12000倍液 | 喷雾 | 20 |
| | 盛发初期 | 43% 联苯肼酯悬浮剂 | 2000～2500倍液 | 喷雾 | 20 |
| | 盛发初期 | 240 克 / 升螺螨酯悬浮剂 | 4000～5000倍液 | 喷雾 | 20 |
| | 发生初期 | 22.4% 螺虫乙酯悬浮剂 | 4000～5000倍液 | 喷雾 | 20 |
| | 若螨大量爆发前 | 5% 噻螨酮乳油 | 2000 倍液 | 喷雾 | 30 |
| | 卵孵化盛期或若螨发生初盛期 | 5% 唑螨酯悬浮剂 | 1000～1500倍液 | 喷雾 | 15 |
| | 发生初期或盛发期 | 95% 矿物油乳油 | 100～200倍液 | 喷雾 | 15 |
| 木虱 | 卵孵化盛期 | 22.4% 螺虫乙酯悬浮剂 | 4000～5000倍液 | 喷雾 | 20 |
| | 发生初期 | 30% 噻虫嗪悬浮剂 | 4000～6000倍液 | 喷雾 | 21 |
| | 卵孵化盛期至低龄若虫期 | 30% 吡丙·噻嗪酮悬浮剂 | 2000～3000倍液 | 喷雾 | 28 |
| | 若虫发生初期 | 22% 螺虫·噻虫啉悬浮剂 | 3000～5000倍液 | 喷雾 | 30 |
| | 卵孵化盛期或低龄幼虫期 | 80 亿 CFU/ 毫升金龟子绿僵菌CQMa421 可分散油悬浮剂 | 1000～2000倍液 | 喷雾 | |

（续表）

| 防治对象 | 防治时期 | 农药名称 | 使用剂量 | 施药方法 | 安全间隔期（天数） |
|---|---|---|---|---|---|
| 木虱 | 低龄若虫始盛期 | 20% 噻虫嗪·虱螨脲悬浮剂 | 3000～4000倍液 | 喷雾 | 21 |
| | 低龄若虫始盛期 | 10% 高氯·吡丙醚微乳剂 | 1500～2500倍液 | 喷雾 | 30 |
| | 卵孵化盛期 | 5% 香芹酚水剂 | 800～1200倍液 | 喷雾 | |
| 潜叶蛾 | 卵孵化盛期至低龄幼虫期 | 1.6 万 IU/毫克苏云金杆菌可湿性粉剂 | 150～250克/亩 | 喷雾 | |
| | 发生始盛期或若螨盛发期 | 20% 甲氰菊酯水乳剂 | 2000～3000倍液 | 喷雾 | 21 |
| | 新梢长出4～6天 | 4.5% 高效氯氰菊酯乳油 | 2250～3000倍液 | 喷雾 | 40 |
| | 夏梢整齐抽发平均长度在 5厘米以下，同时幼虫虫口基数在有虫卵叶率 50% 以下，或在卵孵化期及低龄幼虫期 | 25% 甲维·虱螨脲悬浮剂 | 8000～10000倍液 | 喷雾 | 28 |
| | 发生初期 | 5% 吡虫啉乳油 | 1000～2000倍液 | 喷雾 | 21 |
| | 柑橘夏梢、秋梢、晚秋梢抽发期 | 10% 虫螨腈悬浮剂 | 1500～2000倍液 | 喷雾 | 21 |

（续表）

| 防治对象 | 防治时期 | 农药名称 | 使用剂量 | 施药方法 | 安全间隔期（天数） |
|---|---|---|---|---|---|
| 潜叶蛾 | 产卵高峰期或低龄幼虫期 | 25% 除虫脲可湿性粉剂 | 2000～4000倍液 | 喷雾 | 28 |
| | 初孵幼虫盛发期（一般在春季、夏季、秋季新梢抽发期） | 50克/升氟虫脲可分散液剂 | 1000～1300倍液 | 喷雾 | 30 |
| | 卵孵化盛期或低龄幼虫期 | 40% 杀铃脲悬浮剂 | 5000～7000倍液 | 喷雾 | 45 |
| | 低龄幼虫发生始盛期 | 0.3% 印楝素乳油 | 400～600倍液 | 喷雾 | |
| 锈壁虱 | 晚秋 | 45% 石硫合剂结晶粉 | 300～500倍液 | 晚秋喷雾 | |
| | 叶片有虫2～3头时 | 95% 矿物油乳油 | 100～200倍液 | 喷雾于叶背和果实上 | |
| | 卵孵化盛期至低龄幼虫期或若虫期 | 10% 虱螨脲悬浮剂 | 3000～5000倍液 | 喷雾 | 28 |
| | 发生期 | 500克/升悬浮剂氟啶胺悬浮剂 | 1000～2000倍液 | 喷雾 | 28 |
| | 叶片有虫2～3头时 | 80% 代森锰锌可湿性粉剂 | 400～600倍液 | 喷雾于叶背和果实上 | 30 |
| | 低龄若虫期 | 25% 除虫脲可湿性粉剂 | 3000～4000倍液 | 喷雾 | 28 |
| | 卵孵化初期或若螨期 | 5% 唑螨酯悬浮剂 | 1000～2000倍液 | 喷雾 | 15 |

（续表）

| 防治对象 | 防治时期 | 农药名称 | 使用剂量 | 施药方法 | 安全间隔期（天数） |
|---|---|---|---|---|---|
| 蚜虫 | 发生初期 | 20% 啶虫脒可湿性粉剂 | 16000～20000倍液 | 喷雾 | 30 |
| | 低龄若虫始盛期 | 20% 啶虫脒可溶液剂 | 15000～25000倍液 | 喷雾 | 14 |
| | 发生初盛期 | 5% 啶虫脒乳油 | 4167～5000倍液 | 喷雾 | 14 |
| | 发生初期 | 25% 噻虫嗪水分散粒剂 | 10000～12000倍液 | 喷雾 | 14 |
| | 盛发期 | 70% 吡虫啉水分散粒剂 | 5000～8000倍液 | 喷雾 | 14 |
| | 虫口上升期 | 5% 吡虫啉乳油 | 1500～2500倍液 | 喷雾 | 14 |
| | 幼虫盛发期 | 40% 辛硫·矿物油乳油 | 800～1000倍液 | 喷雾 | 15 |
| | 发生初期 | 1.5% 苦参碱可溶液剂 | 3000～4000倍液 | 喷雾 | 10 |
| 粉虱 | 新梢抽发期，卵孵化高峰期至1～2龄若虫盛发期 | 10.5% 高氯·啶虫脒乳油 | 2000～4000倍液 | 喷雾 | 28 |
| | 粉虱若虫盛发期 | 5% 啶虫脒乳油 | 2000～4000倍液 | 喷雾 | 21 |
| | 粉虱若虫盛发期 | 95%～99% 矿物油乳油 | 100～150倍液 | 喷雾 | 15 |

（续表）

| 防治对象 | 防治时期 | 农药名称 | 使用剂量 | 施药方法 | 安全间隔期（天数） |
|---|---|---|---|---|---|
| 介壳虫 | 早春和晚秋 | 45% 石硫合剂结晶粉 | 早春 180～300 倍液，晚秋 300～500 倍液 | 喷雾 | 14～30 |
| | 冬季清园或早春新梢抽发前 | 20% 松脂酸钠可溶粉剂 | 100～150 倍液 | 喷雾 | |
| | 低龄若虫盛发期 | 25% 噻嗪酮可湿性粉剂 | 1000～2000 倍液 | 喷雾 | 35 |
| | 若虫孵化初期 | 99% 矿物油乳油 | 100～200 倍液 | 喷雾 | 15 |
| | 发生初期 | 33% 螺虫·噻嗪酮悬浮剂 | 3500～4500 倍液 | 喷雾 | 30 |
| | 卵孵化初期 | 22.4% 螺虫乙酯悬浮剂 | 4000～5000 倍液 | 喷雾 | 20 |
| | 若虫盛发期 | 30% 螺虫·吡丙醚悬浮剂 | 3000～5000 倍液 | 喷雾 | 30 |
| | 若虫期 | 4.5% 高效氯氰菊酯乳油 | 900～1200 倍液 | 喷雾 | 40 |
| | 发生初期 | 25% 噻虫嗪水分散粒剂 | 4000～5000 倍液 | 喷雾 | 14 |
| 蓟马 | 发生初期 | 20% 吡虫啉可溶液剂 | 2500～3000 倍液 | 喷雾 | 14 |
| | 发生初期 | 25% 噻虫嗪水分散粒剂 | 4000～5000 倍液 | 喷雾 | 14 |
| 天牛 | 天牛羽化盛期 | 40% 噻虫啉悬浮剂 | 3000～4000 倍液 | 喷雾 | 21 |

（续表）

| 防治对象 | 防治时期 | 农药名称 | 使用剂量 | 施药方法 | 安全间隔期（天数） |
|---|---|---|---|---|---|
| 象甲 | 发生初期 | 40% 辛硫磷乳油 | 1000～2000 倍液 | 喷雾 | 7 |
| 蟊斯 | 发生初期 | 20% 甲氰菊酯水乳剂 | 2000～3000 倍液 | 喷雾 | 21 |
|  | 发生初期 | 4.5% 高效氯氰菊酯乳油 | 2250～3000 倍液 | 喷雾 | 40 |
| 杂草 | 发育盛期 | 30% 草铵膦水剂 | 200～400 毫升/亩 | 喷雾 | 7 |

注：农药使用以最新版本 NY/T 393《绿色食品 农药使用准则》的规定为准。

**绿色食品 茶叶**

# 绿色防控技术指南

## 1 生产概况

茶是世界公认的有益人体健康的饮品。作为当前全球范围内最大的产茶国，我国有 18 个主要产茶省（区），茶园面积约 300 万公顷。为了减少茶园化学农药施用，避免、降低病虫草害对茶叶产量、品质的危害，制定了茶叶病虫草害绿色防控技术指南如下。

## 2 常见病虫草害

### 2.1 病害

茶炭疽病、茶饼病等。

### 2.2 虫害

茶小绿叶蝉、灰茶尺蠖、茶尺蠖、茶丽纹象甲、绿盲蝽、茶棍蓟马、害螨等。

## 2.3　草害

狗尾草、野艾蒿、小蓬草等。

## 3　防治原则

从整个茶园生态系统出发，遵循"预防为主、综合防治"的植保方针，以农业防治为基础，物理防治和生物防治为重点，化学防治为应急防控手段，实现茶树病虫草害绿色防控，保障茶园生态环境安全和茶产品质量安全。

## 4　茶园开垦

坡度 15° 以下的平缓坡地直接开垦；坡度 15°～25° 的坡地，按等高水平线筑梯地，梯面宽应在 2 米以上。翻垦深度 50 厘米以上，在此深度内有明显障碍层（如硬塥层、网纹层或犁底层）的土壤应破除障碍层。梯壁上种植爬地兰、无刺含羞草等绿肥、护坡植物，对梯壁上的杂草要以刈代锄。

## 5　茶苗种植

茶苗种植分春季种植和秋季种植，春季种植以 2—3 月为宜，秋季种植以 10 月下旬至 12 月上旬为宜。种植前施底肥，每亩茶园施饼肥或商品有机肥 300～500 千克，或施腐熟的农家肥 1000～2000 千克，肥料与种植沟内土壤充分拌匀，底肥深度在 30～40 厘米，种植时茶苗根系离底肥 10 厘米以上，防止底肥灼伤茶苗。宜在土壤湿润而不黏手时种植，茶苗根部宜用黄（红）

泥浆根，春季种植后设置遮阳网。

# 6 虫害监测预报

根据气候、茶树物候期和害虫发生规律，采取害虫趋性诱集法、田间常规调查法等方法进行虫口基数调查和动态分析，预测主要害虫发生期、发生量和防治适期。

## 6.1 茶小绿叶蝉

监测方法：每年 3 月初至 10 月底监测。按五点取样法放置黄板，每点安装 1 张，间隔 10 米左右；每隔 3～5 天监测一次成虫量；结合田间五点取样法调查虫口量和成虫与若虫比例。

防治适期：夏茶为 6 头 / 百叶或 15 头 / 米$^2$；秋茶为 12 头 / 百叶或 27 头 / 米$^2$。

## 6.2 茶尺蠖 / 灰茶尺蠖

监测方法：每年 3 月初至 10 月底监测，重点是监测第二、第三代成虫。相距 30 米悬挂 3～5 个性诱剂诱捕器，每隔 5 天监测一次虫口动态，推算下代幼虫防治适期。

防治适期：幼龄茶园三龄前幼虫为 3～6 头 / 米$^2$ 或 10 头 / 米茶行；投产茶园三龄前幼虫为 7 头 / 米$^2$。

## 6.3 茶丽纹象甲

监测方法：每年 5—6 月监测调查，每 5 天调查一次。用振落法调查虫口量，每次调查 15 个样方。

防治适期：成虫出土盛末期；茶树根颈部 0.1 米$^2$ 内深 6 厘米以上土壤中有幼虫或蛹 5～7 头，或有成虫 15 头 / 米$^2$。

#### 6.4 茶棍蓟马

监测方法：每年 5—9 月监测，每隔 5 天调查一次。调查一芽二叶上的虫口量。

防治适期：虫口量为 200 头 / 米$^2$。

#### 6.5 害螨

监测方法：每年 4—6 月、8—10 月监测，每隔 7 天调查一次。按对角线取样，取 10 点，每点调查中层 10 片叶的螨量；用六级法对叶片的螨量进行定级，换算成螨情指数。

防治适期：3～4 头 / 厘米$^2$ 叶面积、10～20 头 / 叶、螨情指数 6～8 或有螨叶率大于 40%。

## 7 农业防治

### 7.1 植物检疫

从国外或外地引种时，必须进行植物检疫，不得将当地尚未发生的危险性病虫随种子或苗木带入。

### 7.2 抗性品种

选用抗病虫、抗逆性强、适应性广和高产优质的茶树品种。

### 7.3 适时采摘

对茶树进行分批多次采摘，预防和控制茶芽梢病虫害的发生。春夏时节采茶季，及时采摘嫩叶加工既可提质增效，又可消灭虫卵；虫口密度大时强摘重采，对茶蚜、茶小绿叶蝉等防效明显；对茶尺蠖、茶丽纹象甲为害严重的茶园可进行适当深度机采。

## 7.4　及时修剪

对病虫害为害严重的茶园及时进行修剪，修剪下来的受害枝条清除出园，避免造成病虫害在更大范围内蔓延；对弱枝、鸡爪枝等及时修剪，保持良好的通风、透光条件，促进茶树健康生长。

## 7.5　合理施肥

倡导配方施肥，基肥主要为充分腐熟后的农家肥（如羊粪、土杂粪、猪牛粪等）或商品有机肥（如茶叶专用有机肥等），必要时配合施用部分复合肥。施基肥应于秋茶采摘后的 11 月下旬至 12 月中下旬，在离茶树根颈部 10 厘米左右开挖条形沟，深度约 20～30 厘米，均匀撒施，施后盖土、培土。一年四季均可追肥。注意避免氮肥施用量过大。肥料包装废弃物应集中回收处理。

## 7.6　翻耕土壤

及时中耕，创造利于茶苗根系生长的土壤环境。5 月春茶采收后，结合追肥，对土壤进行中耕，可以有效改善土壤透气性，促进养分吸收；茶叶采摘完成后，于秋冬季进行土壤深翻（深度为 15～20 厘米），有助于破坏茶尺蠖、茶丽纹象甲等害虫的越冬场所，降低翌年虫口基数。

## 7.7　复合栽培

茶树可以与花生、紫云英、藿香蓟等草本植物套种，构建良好的生态系统，为害虫天敌提供庇护所；可以与樟树、桂花树、樱花等木本植物套种，增加茶园空气湿度，减少鳞翅目幼虫数量；套种大豆、鼠茅草、白三叶草、紫花苜蓿等，可抑制杂草生长。

## 7.8 冬季封园

秋冬季气温 5～20℃时进行清园封园。喷施 29% 石硫合剂水剂 35～70 倍液，每亩用水量 70～75 升，须将茶丛上下、叶片正反面以及四周杂草全部喷匀，对翌年早期的螨害和叶部病害有很好的预防效果。

# 8 物理防治

## 8.1 粘虫板诱捕

应使用粘虫板诱捕害虫。在春茶结束修剪后、二轮梢萌芽前悬挂粘虫板，粘虫板下端位于茶篷面上方 10～20 厘米处。粘虫板须均匀分布在茶园中，25 张 / 亩，朝向与茶行平行，粘虫板粘满虫子或失去黏性后，须及时更换。

防治茶小绿叶蝉、黑刺粉虱可选择红黄双色粘虫板，黄色引诱害虫，红色驱避天敌。与常规粘虫板相比，该色板对茶小绿叶蝉的诱杀量可增加 50%，天敌误杀量减少 30%；防治茶棍蓟马，可选择淡黄绿色或蓝色粘虫板，诱杀数量比常规粘虫板增加 1 倍；防治绿盲蝽可选择绿色粘虫板。

## 8.2 杀虫灯诱杀

应使用杀虫灯诱杀害虫。杀虫灯须大面积连片使用，每 1.2 公顷或间隔 50 米放置 1 台，地形复杂、坡度较大的茶园适当提高安装密度。杀虫灯应高于茶篷面 40～60 厘米，每日天将黑时开启，天亮时关闭，次日清晨及时收集虫袋妥善处理。每年的 3 月下旬至 11 月使用。

发射光谱为 385 纳米和 420 纳米的窄波 LED 杀虫灯，可对茶小绿叶蝉、灰茶尺蠖、茶尺蠖、茶毛虫等茶园主要害虫实现高效精准诱杀。与常规频振式杀虫灯相比，对害虫的诱杀效果增加 90%，对天敌的误杀量减少 50%。

## 8.3 防草布防草

必要时可采用防草布防草。3 月杂草未长或刚长出地面时，茶园行间铺设宽度合适的防草布，每隔 1 米用地钉固定。新种单条栽茶园防草布覆盖至茶树基部；未封行茶园防草布覆盖至距茶树基部 20 ～ 30 厘米。使用防草布的茶园可使用背负式固体施肥器丛间施肥或掀开防草布一侧施基肥。防草布破损或使用 2 年后应及时回收。

PE80（聚乙烯）材质的防草布具有拉伸强度高、耐老化、透气、透水等优点，长期控草效果良好，防效可达 100%，成本仅为人工除草的 40% ～ 60%。

# 9 生物防治

## 9.1 性诱剂诱杀

条件允许时可采用性诱剂诱杀害虫。根据害虫种类选择性诱剂，目前已有灰茶尺蠖、茶尺蠖、茶毛虫等茶树害虫性诱剂商品。性诱剂配合船型诱捕器使用，大面积、持续使用效果好。诱捕器须在越冬成虫羽化前悬挂，根据害虫发生程度确定悬挂密度，以 2 ～ 4 套 / 亩为宜。诱捕器放置位置须高于茶树 25 厘米，每月更换

1 次诱芯。诱捕器粘板粘满虫子或失去黏性后，须及时更换。防治茶尺蠖、灰茶尺蠖，可 3 月初悬挂诱捕器；防治茶毛虫，可 5 月中旬悬挂诱捕器；防治绿盲蝽可 9 月上旬至 11 月下旬悬挂诱捕器。使用性诱剂能连续诱杀两代成虫，防治效果可达 70% 以上。

迷向法是通过干扰害虫的求偶通信而非直接消灭来防治害虫。采用迷向法时用竹竿将诱芯挂在田间，高度约 90 厘米，诱芯间距约 5 米，诱芯每月更换 1 次。空气中性信息素浓度至少要达到 1 纳克 / 米$^3$ 才能有效干扰昆虫的求偶通信，因此，通常一个生长季每公顷需要放置 10 ～ 100 克性信息素才能发挥作用。

## 9.2　天敌生物防治

胡瓜钝绥螨等捕食螨对茶橙瘿螨、茶跗线螨等茶园常见害螨具较好的防治效果。在害螨达到防治指标时，每亩释放 4 万 ～ 6 万头捕食螨防治效果可达 80%。释放天敌生物时须收起或遮挡粘虫板，防止天敌生物被黏粘。

捕食螨释放方法包括挂袋释放、淹没式释放等。挂袋释放：先在捕食螨袋子上方斜剪 3 ～ 4 厘米的开口，再用图钉或塑料细绳将捕食螨袋子固定在茶丛靠叶的枝丫上。淹没式释放：先将木屑或稻壳与捕食螨混合均匀，然后均匀撒在茶树叶面上。

## 9.3　生物药剂防治

根据茶树主要病虫害的监测预报动态，适时使用生物药剂防治。选择绿色食品生产允许使用的生物药剂。生物药剂应在傍晚或阴天施用。每种药剂每季最多施用次数及安全间隔期见附录 B。

### 9.3.1　茶炭疽病

在新梢一芽一叶期喷施 3% 多抗霉素可湿性粉剂 300 倍液防

治，间隔 7～10 天连续喷施 2 次。

### 9.3.2 茶饼病

在发生初期，喷施 3% 多抗霉素可湿性粉剂 300 倍液防治。

### 9.3.3 茶小绿叶蝉

在虫口密度达防治指标时，喷施 30% 茶皂素水剂 300～600 倍液或 1% 印楝素微乳剂 1000～1600 倍液防治，1 周内连续喷施 2 次。

### 9.3.4 灰茶尺蠖、茶尺蠖

在虫口密度达防治指标时，于幼虫 3 龄期前喷施茶核·苏云菌悬浮剂 300～700 倍液（宜在 4 月、5 月、10 月时使用）、100 亿 CFU/ 毫升短稳杆菌悬浮剂 500～700 倍液或 0.6% 苦参碱水剂 600～750 倍液防治。

### 9.3.5 茶丽纹象甲

成虫出土初期，用 2 千克 / 亩白僵菌菌粉拌细土后均匀撒施于地表或喷施 400 亿 CFU/ 克球孢白僵菌水分散粒剂 600～800 倍液，田间湿度大时效果好。

### 9.3.6 绿盲蝽

4 月中下旬茶园部分茶芽被刺出现小红点时以及秋季成虫回迁始期，可喷施 0.6% 苦参碱水剂 500 倍液防治。

## 10 化学防治

根据茶树主要病虫害的监测预报动态，在必要或应急状态下进行化学防治。应选择在茶树上已取得登记且绿色食品允许使用的农药品种。有其他选择的情况下，尽量避免使用吡虫啉、啶虫脒、噻虫嗪等水溶性化学农药。严格按农药标签使用，注意轮换用药。严格遵守农药安全间隔期的规定。优先选择静电喷雾机、弥雾机等高效施药器械。每种农药每季最多施用次数及安全间隔期见附录 B。

## 10.1　茶炭疽病

在发病前期或嫩叶初见病斑时选用 22.5% 啶氧菌酯悬浮剂 1000～2000 倍液或 250 克 / 升吡唑醚菌酯乳油 1000～2000 倍液喷雾防治，间隔 7～10 天连续喷施 2 次。

## 10.2　茶饼病

可选择 250 克 / 升吡唑醚菌酯乳油 1000～2000 倍液喷雾防治。

## 10.3　茶小绿叶蝉

在虫口密度达防治指标时喷施 240 克 / 升虫螨腈悬浮剂 1000～1500 倍液或 150 克 / 升茚虫威乳油 1800～2500 倍液。

## 10.4　灰茶尺蠖和茶尺蠖

防治灰茶尺蠖和茶尺蠖，可在虫口密度达到防治指标时，于幼虫 3 龄期前喷施 150 克 / 升茚虫威乳油 1800～2500 倍液或 20% 除虫脲悬浮剂 1500～2000 倍液。在 4—9 时或 15—20 时篷面扫喷药剂效果好。

## 10.5　茶丽纹象甲

可选择 240 克 / 升虫螨腈悬浮剂 1000～1500 倍液喷雾防治。

## 10.6　绿盲蝽

4 月中下旬茶园部分茶芽被刺出现小红点时及秋季成虫回迁始期，可选择 150 克 / 升茚虫威乳油 2000 ～ 2500 倍液喷雾防治。

## 10.7　茶棍蓟马

在虫口密度达到防治指标时，可选择 240 克 / 升虫螨腈悬浮剂 1500 ～ 1800 倍液喷雾防治。

## 10.8　害螨

在虫口密度达到防治指标时，可选择 240 克 / 升虫螨腈悬浮剂 1500 ～ 1800 倍液喷雾防治。

# 附录 A　茶树主要病虫害及其为害症状

茶树主要病虫害及其为害症状如图所示。

茶炭疽病为害症状

茶饼病为害症状

茶小绿叶蝉（左）及其为害状（右）

茶尺蠖（左）及其为害状（右）

绿盲蝽（左）及其为害状（右）

茶丽纹象甲（左）及其为害状（右）

茶棍蓟马（左）及其为害状（右）

害螨（左、中）及其为害状（右）

# 附录 B　茶树主要病虫害防治推荐农药使用方案

可用于防治茶树病虫害的部分药剂及其使用方法详见下表。

**表 B 茶树主要病虫害防治推荐农药使用方案**

| 防治对象 | 防治时期 | 农药名称 | 使用剂量 | 施用方法 | 最多施用次数次/季 | 安全间隔期（天数） |
|---|---|---|---|---|---|---|
| 茶炭疽病 | 发病前或发病初期 | 3% 多抗霉素可湿性粉剂 | 300 倍液 | 喷雾 | | 7 |
| | 发病前或发病初期 | 22.5% 啶氧菌酯悬浮剂 | 1000～2000 倍液 | 喷雾 | 2 | 10 |
| | 发病前或发病初期 | 250 克/升吡唑醚菌酯乳油 | 1000～2000 倍液 | 喷雾 | 2 | 21 |
| 茶饼病 | 发病初期 | 3% 多抗霉素可湿性粉剂 | 300 倍液 | 喷雾 | | 7 |
| | 发病初期 | 250 克/升吡唑醚菌酯乳油 | 1000～2000 倍液 | 喷雾 | 2 | 21 |
| 茶小绿叶蝉 | 卵孵化盛期至 3 龄若虫盛发期 | 30% 茶皂素水剂 | 300～600 倍液 | 喷雾 | 1 | 3 |
| | 若虫盛发初期 | 1% 印楝素微乳剂 | 1000～1600 倍液 | 喷雾 | 3 | 3 |
| | 若虫盛发期 | 240 克/升虫螨腈悬浮剂 | 1000～1500 倍液 | 喷雾 | 1 | 7 |
| | 若虫盛发期 | 150 克/升茚虫威乳油 | 1800～2500 倍液 | 喷雾 | 1 | 14 |

（续表）

| 防治对象 | 防治时期 | 农药名称 | 使用剂量 | 施用方法 | 最多施用次数次/季 | 安全间隔期（天数） |
|---|---|---|---|---|---|---|
| 茶尺蠖、灰茶尺蠖 | 1～2龄幼虫中、高峰期 | 100亿CFU/毫升短稳杆菌悬浮剂 | 500～700倍液 | 喷雾 | | 3 |
| | 3龄前或者卵孵化盛期 | 茶核·苏云菌悬浮剂 | 300～700倍液 | 喷雾 | 5 | 3 |
| | 始发期 | 0.6%苦参碱水剂 | 600～750倍液 | 喷雾 | 2 | 7 |
| | 低龄幼虫期 | 150克/升茚虫威乳油 | 1800～2500倍液 | 喷雾 | 1 | 14 |
| | 卵孵化盛期或低龄幼虫期 | 20%除虫脲悬浮剂 | 1500～2000倍液 | 喷雾 | 1 | 7 |
| 茶丽纹象甲 | 若虫初发期 | 400亿CFU/克球孢白僵菌水分散粒剂 | 600～800倍液 | 喷雾 | 2 | 3 |
| | 若虫盛发期 | 240克/升虫螨腈悬浮剂 | 1000～1500倍液 | 喷雾 | 1 | 7 |
| 茶棍蓟马 | 若虫期 | 240克/升虫螨腈悬浮剂 | 1500～1800倍液 | 喷雾 | 1 | 7 |
| 绿盲蝽 | 发生初期 | | 125～200倍液 | 喷雾 | 1 | 7 |
| | 发生初期 | 0.6%苦参碱水剂 | 500倍液 | 喷雾 | 2 | 7 |
| | 发生初期 | 150克/升茚虫威乳油 | 2000～2500倍液 | 喷雾 | 1 | 14 |

（续表）

| 防治对象 | 防治时期 | 农药名称 | 使用剂量 | 施用方法 | 最多施用次数次/季 | 安全间隔期（天数） |
|---|---|---|---|---|---|---|
| 害螨 | 发生初期或冬季清园 | 99% 矿物油乳油 | 90～150倍液 | 喷雾 | 1 | 10 |
| | 发生初期 | 240 克/升虫螨腈悬浮剂 | 1500～1800倍液 | 喷雾 | 1 | 7 |
| 封园药剂 | 清园时 | 29% 石硫合剂水剂 | 35～70 倍液 | 喷雾 | 3 | 30 |

注：农药使用以最新版本 NY/T 393《绿色食品　农药使用准则》的规定为准。

### 绿色食品 草莓
# 绿色防控技术指南

## 1 生产概况

　　草莓为蔷薇科草莓属浆果类多年生草本植物，原产南美洲，我国于 20 世纪初引进国外品种，现已成为世界草莓生产和消费第一大国。在我国，草莓种植面积近 200 万亩，其中，东部地区种植面积占比 43.4%，中部地区种植面积占比 26.3%，西部地区种植面积占比 19.4%，东北地区种植面积占比 10.9%。草莓可露地栽培，也可保护地栽培。目前，草莓绿色生产中尚存在一些突出问题，例如，病虫害发生危害严重，绿色防控技术不科学完善，某些高效防控技术未得到有效推广等，影响了草莓的产品质量，因此制定其病虫害绿色防控技术指南如下。

## 2 常见病虫害

### 2.1　病害

　　白粉病（病原为羽衣草单囊壳）、灰霉病（病原为灰葡萄孢）、炭疽病（病原分为 3 种，分别为胶孢炭疽菌、尖孢炭疽菌、草莓炭疽菌）、枯萎病（病原为尖孢镰孢菌草莓专化型）、黄萎病（病原为大丽花轮枝孢菌）、根腐病（病原包括镰孢霉菌、腐霉菌等 20 多种）、细菌性角斑病（病原为黄单孢杆菌属草莓黄单孢菌等）、病毒病（草莓斑驳病毒、草莓轻型黄边病毒、草莓镶脉病毒和草莓皱缩病毒等）等。

## 2.2 虫害

叶螨（二斑叶螨、朱砂叶螨）、蓟马（西花蓟马、花蓟马）、蚜虫（桃蚜、棉蚜）、粉虱（烟粉虱）等。

## 3 防治原则

遵循"预防为主、综合防治"的植保方针，协调运用农业、物理、生物、高效低毒低残留农药等绿色防控措施，营造有利于草莓植株生长、不利于病虫害发生的环境，采用害虫趋性诱集法等手段监测草莓主要病虫害的发生动态，将病虫害的发生为害及化学农药的使用量控制在最低水平，实现草莓病虫害绿色防控和优质安全生产的目的。

### 3.1 主要病虫害监测预报

根据草莓常见病虫害的空间分布型、周年发生规律等，应用"眼看、手摸、网捕、盘拍"等传统方法结合性诱自动监测设备等新型测报工具进行监测预报。

### 3.2 草莓主要病虫害防治指标

草莓白粉病田间病株率 5%～10%，草莓灰霉病田间病株率

5%～10% 是对应病害的防治适期。草莓病毒病的预防关键是采用无病毒株，及时防治蚜虫，减少病毒再侵染；定期更新草莓品种，采用抗病品种；用太阳能消毒土壤；避免与易感病毒病的茄科作物轮作和间作。

草莓叶螨发生初期密度较低时（一般每片叶子螨虫在 2 头以内）、蓟马发生初期（每朵花蓟马在 2 头以内）、蚜虫发生初期（每张 10 厘米 ×25 厘米的黄板上出现 1～2 头蚜虫）、粉虱发生初期（虫量 0.1～1 头 / 株），是防治适期。

# 4 农业防治

## 4.1 抗性品种

选择优质、高产的抗病品种，如宁玉、宁丰等。

## 4.2 壮苗种植

生产上选择品种纯正、健壮的草莓苗进行定植，有条件的尽量采用脱毒种苗。壮苗标准一般是茎基部直径 0.8～1.0 厘米，株高适中，具 4～6 片叶，叶肉厚，叶色绿，白根多，根系发达，无病斑、无缺刻等病虫为害症状。

## 4.3 种苗处理

定植前去除老叶和黄叶，按种苗新茎粗度分开定植。可配制 1000 亿 CFU/ 克枯草芽孢杆菌可湿性粉剂 1000 倍液或 2 亿 CFU/ 克木霉菌可湿性粉剂 500 倍液盛于容器内，盛液高度 10 厘米，将草莓根颈部及以下部分浸没在药液中 10～15 分钟，取出在阴凉处晾干 20 分钟后定植。

### 4.4 田园管控

#### 4.4.1 高畦深沟

施腐熟农家肥3000～5000千克/亩，磷酸二铵25～30千克/亩，耕匀耙细。畦高35厘米以上，沟底宽30厘米以上，畦面宽不少于50厘米，畦连沟宽度约100厘米，畦面为弓背形。

#### 4.4.2 合理密植

采用双行三角形定植，草莓苗植株弓背朝沟，压实根基部。高大型品种株距22～25厘米，紧凑型品种株距为15～18厘米。

#### 4.4.3 平衡施肥

移栽前15天施足基肥，即亩施商品有机肥500千克，饼肥100千克。追肥应遵循少量多次的原则，以施复合肥为主，配合施用含微量元素的叶面肥。

#### 4.4.4 控湿保温防病

采用膜下滴灌方式补水补肥，避免沟内直接灌水。确保温度白天保持在24～28℃，夜间6～8℃，温度不能高于30℃。当夜间气温下降至5℃以下时，要采取保温措施，如在大棚内加扣套棚、在草莓垄上加盖小环棚等。

#### 4.4.5 清洁田园

草莓生长季节及时清除病虫为害的叶片、果实、根茎等，带出园外集中烧毁或深埋，减少病原、虫源。采收全部结束后，灌水进行高温闷棚。

#### 4.4.6 规范生产

防止人员出入带来病原微生物、害虫等。

## 4.5　合理轮作

提倡与水稻进行水旱轮作，避免与马铃薯、番茄、茄子、辣椒等茄科作物轮作。

# 5　物理防治

## 5.1　防虫网阻隔

在棚室通风口和门口安装防虫网，以 40～60 目为宜，防止蚜虫、蓟马、粉虱、夜蛾类等成虫及鸟类飞入。

## 5.2　银灰膜驱避

在棚架外侧地面铺设银灰双色膜驱避蚜虫等害虫，宽度为 30～50 厘米，并用土压实。在盖大棚膜时，在大棚通风口处悬挂宽为 10～15 厘米的条状银灰双色膜。

## 5.3　粘虫板诱杀

草莓定植后，在植株上方 30～50 厘米处悬挂黄色和蓝色粘虫板（黄板用于诱杀蚜虫、粉虱等，蓝板用于诱杀蓟马等），前期每亩悬挂 3～5 片粘虫板，以监测虫口密度，后期视虫量增至 30～40 块。粘虫板板面与畦平行，草莓花期放蜂期间，适当升高色板放置高度，降低粘上蜜蜂的概率。释放天敌生物时须把粘虫板收起或遮挡，防止天敌生物被粘黏。当板面粘满害虫时，及时更换色板。

## 5.4　土壤（基质）消毒

6—8 月采用有机物腐熟结合灌水覆膜，并利用夏季太阳能高温消毒。覆膜前先投入有机物料作为底肥，如未腐熟饼肥 200 千克／亩或新鲜畜禽粪肥 1500～2000 千克／亩，利用有机物料的腐熟过程消毒，翻土再浇水，接下来立即覆盖不透气的塑料膜（用新土封严实），密闭农膜 30 天以上，揭膜后通风 15 天以上再作畦、定植。

# 6 生物防治

## 6.1 天敌生物防治

### 6.1.1 叶螨

可使用捕食螨防治叶螨。叶螨发生初期可选用加州新小绥螨，按益害比 1∶5 释放，每月至少释放 2 次；为害较严重时应选用智利小植绥螨，按益害比 1∶10 释放，每平方米 3～6 头，根据严重程度可增至每平方米 20 头以上。也可使用胡瓜钝绥螨防治叶螨，每亩使用 15～20 瓶捕食螨（每瓶 2.5 万只），边走边撒施在草莓叶片上，每株控制在一小汤匙的量即可（或每片叶子有黄豆粒大小的量），或拌麦麸或木屑后撒施。

### 6.1.2 蓟马

可选用巴氏新小绥螨，预防性释放按每平方米 50～150 头，防治性释放按每平方米 250～500 头，可挂放在植株的中部或均匀撒到植物叶片上；也可选用东亚小花蝽，释放量为每次每亩 500 头，适宜在害虫密度低时或作物定植后不久释放，每 1～2 周释放一次。

### 6.1.3 蚜虫

蚜虫发生初期可释放异色瓢虫卵、幼虫或成虫进行防治。释放益害比为1∶（30～60），每亩放置70～100卡（每卡20个虫卵）或500～1000头成虫。整个草莓生长季节释放2～3次。释放时，将异色瓢虫的虫卡悬挂在草莓茎叶处，蚜虫发生处及周边多挂，以傍晚释放为宜；也可选用东亚小花蝽，其释放量为每次每亩500头，直接均匀撒在草莓叶片上。

### 6.1.4　粉虱

可选用津川钝绥螨，预防性释放按每平方米50～100头，防治性释放按每平方米200～500头，释放时将津川钝绥螨连同培养料一起撒于作物表面，每1～2周释放一次；也可选用丽蚜小蜂，当粉虱成虫在0.2头/株以下时，每5天释放丽蚜小蜂成虫3头/株，共释放3次，可有效控制粉虱为害。

## 6.2　性诱剂诱杀

9—10月使用诱集器诱捕夜蛾等害虫。放置时，用铁丝穿过诱集器边上的两孔，将诱集器绑在竹竿上，距离地面1米左右，每亩安装1～2个，每隔30天更换一次诱芯。大棚使用诱捕器时要挂在上风口。

## 6.3　使用有益微生物

采用EM菌（即Effective Microorganisms，包括光合菌、乳酸菌、酵母菌、芽孢杆菌和放线菌等10个属80多种微生物）或木霉菌剂等生防菌剂500～1000克，用10～20倍的水溶解微生物制剂，喷洒于米皮糠与豆粕（或菜粕），为预防蛆蝇等害虫发生，还应添加苦参碱等杀虫剂；米皮糠与豆粕（或菜粕）用量各占50%，每亩用量共80～120千克，充分混拌均匀，均匀撒施于垄间，及时覆盖地膜以避光保湿。在草莓花芽分化期垄面覆盖银灰地膜前第一次使用；于第二花序抽生期第二次使用。使用时应揭开垄间重叠覆盖的地膜，均匀撒施后再覆盖好。

## 6.4 生物药剂防治

### 6.4.1 白粉病

病害发生前或田间发现个别病果或病叶时，可选用 50 亿 CFU/ 克解淀粉芽孢杆菌 AT-332 水分散粒剂 100～140 克 / 亩、9% 互生叶白千层提取物乳油 67～100 毫升 / 亩、100 亿芽孢 / 克枯草芽孢杆菌可湿性粉剂 100～140 克 / 亩或 0.4% 蛇床子素可溶液剂 100～125 毫升 / 亩，均匀喷雾，间隔 5～7 天防治一次，连续防治 2～3 次。也可在母苗、生产苗定植时用 100 亿 CFU/ 克枯草芽孢杆菌可湿性粉剂蘸根或定植成活后灌根。

### 6.4.2 灰霉病

病害发生前或田间发现个别病果时，选用 1000 亿 CFU/ 克枯草芽孢杆菌可湿性粉剂 40～60 克 / 亩、2 亿 CFU/ 克木霉菌可湿性粉剂 100～300 克 / 亩、16% 多抗霉素可溶液剂 20～25 克 / 亩或 20% β - 羽扇豆球蛋白多肽可溶液剂 160～220 毫升 / 亩，均匀喷雾。间隔 5～7 天防治一次，连续防治 2～3 次。

### 6.4.3 枯萎病

可选用 2 亿 CFU/ 克木霉菌可湿性粉剂在母苗、生产苗定植时或病害发生前 330～500 倍液灌根，每株用水量 200～250 毫升。

### 6.4.4 黄萎病

黄萎病发病初期可选用 1000 亿 CFU/ 克枯草芽孢杆菌可湿性粉剂 20～30 克 / 亩或 10 亿 CFU/ 克解淀粉芽孢杆菌可湿性粉剂

100～125 克 / 亩，喷雾施药 2～3 次，施药间隔期 7～10 天。

### 6.4.5 根腐病

可选用 1000 亿 CFU/ 克枯草芽孢杆菌可湿性粉剂 1000 倍液或 2 亿 CFU/ 克木霉菌可湿性粉剂 500 倍液，浸根 5～10 分钟后再栽植，并在栽种后 5～7 天灌根 1～3 次（根据田间病害严重程度而定），每株用水量 200～250 毫升，或用 0.5% 氨基寡糖素水剂 600 倍液灌根，每株用水量 200 毫升。

### 6.4.6 叶螨

有虫株率小于 1% 时，可选用 0.5% 藜芦碱可溶液剂 120～140 毫升 / 亩均匀喷雾。间隔 7～10 天连续防治 2～3 次，各种药剂应交替使用。

### 6.4.7 蚜虫

有蚜虫株率小于 15% 时，可选用 1.5% 苦参碱可溶液剂 40～46 毫升 / 亩，整株喷雾。间隔 7～10 天连续防治 2～3 次。

### 6.4.8 粉虱

可选用 0.3% 苦参碱水剂 200～260 毫升 / 亩，均匀喷雾。

## 7 化学防治

在必要或应急状态下，根据病虫害预测预报进行化学防治。应选择在草莓上已取得登记且绿色食品允许使用的农药品种，严格按农药标签使用，注意轮换用药。严格遵守农药使用安全间隔期的规定。重点抓好苗期、移栽前、第一花序开花前期的病虫害化学防控。用于防治草莓病虫害的部分药剂使用方法见附录 B。

### 7.1　草莓病害

#### 7.1.1　白粉病

选用 30% 氟菌唑可湿性粉剂 15～30 克 / 亩、20% 吡唑醚菌酯水分散粒剂 38～50 克 / 亩、30% 醚菌酯可湿性粉剂 30～45 克 / 亩、25% 粉唑醇悬浮剂 20～40 克 / 亩等，交替喷雾。

#### 7.1.2　灰霉病

选用 38% 唑醚·啶酰菌水分散粒剂 60～80 克 / 亩、50% 啶酰菌胺水分散粒剂 30～45 克 / 亩等，交替喷雾。

#### 7.1.3　炭疽病

选用 25% 戊唑醇水乳剂 20～28 毫升 / 亩、42.4% 唑醚·氟酰胺悬浮剂 10～20 毫升 / 亩等，交替喷雾。

#### 7.1.4　根腐病

6—8 月采用棉隆结合灌水覆膜，利用夏季太阳能高温消毒。覆膜前先松土，浇水保湿 3～4 天后，按 30～40 克 / 米² 撒施 98% 棉隆微粒剂，与土壤（深度为 20 厘米）混匀后再次浇水，然后立即覆盖不透气塑料膜（用新土封严实），密闭农膜 30 天以上，揭膜后通风 15 天以上再作畦、定植。

#### 7.1.5　细菌性角斑病

选用 250 克 / 升吡唑醚菌酯乳油 24～40 毫升 / 亩、50% 克菌丹可湿性粉剂 100～125 克 / 亩等，交替喷雾。

### 7.2　草莓虫害

#### 7.2.1　叶螨

有虫株率小于 1% 时，选用 43% 联苯肼酯悬浮剂 10～25 毫

升 / 亩，整株喷雾。

### 7.2.2　蓟马

虫害发生初期，选用 10% 吡虫啉可湿性粉剂 20～25 克 / 亩，整株喷雾。

### 7.2.3　蚜虫

蚜虫株率小于 15% 时，选用 10% 吡虫啉可湿性粉剂 20～25 克 / 亩，整株喷雾。

### 7.2.4　粉虱

虫害发生初期，选用 10% 吡虫啉可湿性粉剂 20～30 克 / 亩，整株喷雾。

# 附录 A 草莓主要病虫害及其为害症状

草莓主要病虫害及其为害症状如图所示。

草莓白粉病

草莓灰霉病

草莓炭疽病

草莓枯萎病

草莓黄萎病

草莓根腐病

草莓细菌性角斑病

叶螨（左）及其为害状（右）

蓟马（左）及其为害状（右）

蚜虫（左）及其为害状（右）

粉虱（左）及其为害状（右）

# 附录 B　草莓主要病虫害防治推荐农药使用方案

可用于防治草莓病虫害的部分药剂及其使用方法详见下表。

草莓主要病虫害防治推荐农药使用方案

| 防治对象 | 防治时期 | 农药名称 | 使用剂量 | 使用方法 | 安全间隔期（天数） | 每季最多使用次数（次） |
|---|---|---|---|---|---|---|
| 白粉病 | 发病前或发病初期 | 50亿CFU/克解淀粉芽孢杆菌AT-332水分散粒剂 | 100～140克/亩 | 喷雾 | | |
| | 发病前或发病初期 | 9%互生叶白千层提取物乳油 | 67～100毫升/亩 | 喷雾 | | |
| | 发病前或发病初期，定植时或定植成活后 | 100亿CFU/克枯草芽孢杆菌可湿性粉剂 | 100～140克/亩 | 喷雾，母苗、生产苗定植时蘸根或定植成活后灌根 | | |
| | 发病前或发病初期 | 0.4%蛇床子素可溶液剂 | 100～125毫升/亩 | 喷雾 | 7 | 3 |
| | 发病前或发病初期 | 30%氟菌唑可湿性粉剂 | 15～30克/亩 | 喷雾 | 7 | 3 |
| | 发病前或发病初期 | 20%吡唑醚菌酯水分散粒剂 | 38～50克/亩 | 喷雾 | 5 | 3 |

（续表）

| 防治对象 | 防治时期 | 农药名称 | 使用剂量 | 使用方法 | 安全间隔期（天数） | 每季最多使用次数（次） |
|---|---|---|---|---|---|---|
| 白粉病 | 发病前或发病初期 | 30% 醚菌酯可湿性粉剂 | 30～45克/亩 | 喷雾 | 7 | 2 |
| | 发病前或发病初期 | 25% 粉唑醇悬浮剂 | 20～40克/亩 | 喷雾 | 7 | 3 |
| 灰霉病 | 发病前或发病初期 | 1000亿CFU/克枯草芽孢杆菌可湿性粉剂 | 40～60克/亩 | 喷雾 | | |
| | 发病前或发病初期 | 2亿CFU/克木霉菌可湿性粉剂 | 100～300克/亩 | 喷雾 | | |
| | 发病前或发病初期 | 16% 多抗霉素可溶液剂 | 20～25克/亩 | 喷雾 | 10 | 3 |
| | 发病前或发病初期 | 20% β-羽扇豆球蛋白多肽可溶液剂 | 160～220毫升/亩 | 喷雾 | 7 | 4 |
| | 发病前或发病初期 | 38% 唑醚·啶酰菌水分散粒剂 | 40～80克/亩 | 喷雾 | 7 | 3 |
| | 发病前或发病初期 | 50% 啶酰菌胺水分散粒剂 | 30～45克/亩 | 喷雾 | 3 | 3 |
| 炭疽病 | 发病前 | 25% 戊唑醇水乳剂 | 20～28毫升/亩 | 喷雾 | 5 | 3 |
| | 发病前 | 42.4% 唑醚·氟酰胺悬浮剂 | 10～20毫升/亩 | 喷雾 | 7 | 3 |

| 防治对象 | 防治时期 | 农药名称 | 使用剂量 | 使用方法 | 安全间隔期（天数） | 每季最多使用次数（次） |
|---|---|---|---|---|---|---|
| 枯萎病 | 定植前和栽植后 | 2 亿 CFU/克木霉菌可湿性粉剂 | 母苗、生产苗定植时或病害发生前 330～500 倍液灌根，每株用水量 200～250 毫升 | 蘸根、灌根 | | |
| 黄萎病 | 发病初期 | 1000 亿 CFU/克枯草芽孢杆菌可湿性粉剂 | 20～30 克/亩 | 喷雾 | | |
| | 发病初期 | 10 亿 CFU/克解淀粉芽孢杆菌可湿性粉剂 | 100～125 克/亩 | 喷雾 | | |
| 根腐病 | 定植前和栽植后 | 1000 亿 CFU/克枯草芽孢杆菌可湿性粉剂 | 1000 倍液灌根，每株用水量 200～250 毫升 | 蘸根、灌根 | | |
| | 定植前和栽植后 | 2 亿 CFU/克木霉菌可湿性粉剂 | 500 倍液灌根，每株用水量 200～250 毫升 | 蘸根、灌根 | | |
| | 夏季空茬期 | 98% 棉隆微粒剂 | 20000～26668 克/亩 | 撒施 | 60 | 1 |

（续表）

| 防治对象 | 防治时期 | 农药名称 | 使用剂量 | 使用方法 | 安全间隔期（天数） | 每季最多使用次数（次） |
|---|---|---|---|---|---|---|
| 细菌性角斑病 | 发病前或发病初期 | 250克/升吡唑醚菌酯乳油 | 24～40毫升/亩 | 喷雾 | 5 | 3 |
| | 发病初期 | 50%菌丹可湿性粉剂 | 100～125克/亩 | 喷雾 | 2 | 3～5 |
| 叶螨 | 有虫株率小于1% | 0.5%藜芦碱可溶液剂 | 120～140毫升/亩 | 喷雾 | 10 | 1 |
| | 发生初期 | 43%联苯肼酯悬浮剂 | 20～30毫升/亩 | 喷雾 | 3 | 1 |
| 蓟马 | 发生初期 | 10%吡虫啉可湿性粉剂 | 20～25克/亩 | 喷雾 | 5 | 2 |
| 蚜虫 | 有蚜虫株率小于15% | 1.5%苦参碱可溶液剂 | 40～46毫升/亩 | 喷雾 | 10 | 1 |
| | 发生初期 | 10%吡虫啉可湿性粉剂 | 20～25克/亩 | 喷雾 | 5 | 2 |
| 粉虱 | 发生初期 | 0.3%苦参碱水剂 | 200～260毫升/亩 | 喷雾 | | |
| | 发生初期 | 10%吡虫啉可湿性粉剂 | 20～30克/亩 | 喷雾 | 10 | 3 |

注：农药使用以最新版本 NY/T 393《绿色食品 农药使用准则》的规定为准。

# 绿色食品 芹菜
## 绿色防控技术指南

## 1 生产概况

芹菜为伞形科芹属植物，在我国栽培历史悠久，分布广泛，全国大部分地区都有芹菜种植。目前，我国芹菜种植面积一直较为稳定地保持在55万公顷左右，年总产量在2000万吨左右，芹菜种植面积在1万公顷以上的省份已超过20个，位于前两位的河南省和山东省分别达到7.1万公顷和5.5万公顷。南北各地都出现了许多集中连片的大规模芹菜产地，如山东省寿光市、平度市、济南市章丘区、聊城市，河南省封丘县、鹿邑县，安徽省桐城市，湖北省蕲春县，浙江省慈溪市，天津市黄花店镇及周边地区，河北省坝上地区，内蒙古①商都县，宁夏②西吉县，甘肃省古浪县等。由于芹菜病虫草害系统化、标准化绿色防控技术缺乏，种植户科学安全用药普及度不高，影响了芹菜质量安全，因此，为服务芹菜绿色生产，制定其病虫草害绿色防控技术指南如下。

---

① 内蒙古自治区，全书简称内蒙古。
② 宁夏回族自治区，全书简称宁夏。

## 2　常见病虫草害

### 2.1　病害

尾孢叶斑病、链格孢叶斑病、斑枯病、软腐病、根腐病、病毒病和根结线虫病等。

### 2.2　虫害

蚜虫、斑潜蝇、甜菜夜蛾等。

### 2.3　草害

马齿苋、马唐、藜、苜蓿、苦苣菜等。

## 3　防治原则

按照"预防为主、综合防治"的植保方针，针对不同防治对象及其发生情况，根据芹菜生育期，分阶段绿色防控，优先采用农业防治、生物防治、物理防治，科学合理地使用化学农药，最终实现控制芹菜病虫草害并达到芹菜安全生产的目的。

## 4　农业防治

### 4.1　轮作控害

避免与芹菜、香菜、胡萝卜等伞形科蔬菜重茬，通过与水稻、葱、蒜、玉米、茄果类作物的轮作，有效控制斑枯病、根腐病、软腐病、根结线虫病等病害。

## 4.2 起垄栽培

露地芹菜可通过起垄栽培防止雨后田间积水，降低相对湿度，有效控制软腐病、根腐病的发生；同时，配合膜下滴灌，可有效控温控湿，保持土壤结构，减少病虫害发生。

## 4.3 健康种苗

选用抗斑枯病、软腐病的抗（耐）病品种，如津南实芹、玻璃脆、文图拉等；播种前进行种子处理，可将种子置于50℃左右温水中浸泡20～30分钟，反复清洗后催芽；育苗时可采用微生物菌剂拌土，减少病原菌数量，防控苗期根部病害。

## 4.4 合理施肥

合理密植，结合深耕，施足基肥，合理追肥，以商品有机肥或充分腐熟的农家肥为主，氮、磷、钾肥要配合使用，避免偏施氮肥，适当增施钾肥，增强植株抗病能力。

## 4.5 控温控湿

保护地芹菜栽培，白天棚室温度控制在15～20℃，高于25℃应及时放风，降温降湿，夜间温度不低于10℃。

## 4.6 清洁田园

采收后、生长期及时清理残株败叶，并集中进行无害化处理，减少病虫源，同时提高田间通透性。

## 5 物理防治

### 5.1 高温闷棚

利用夏季高温休闲期，消毒前 3～6 天灌透水，然后施用半腐熟的作物秸秆或者腐熟的粪肥，跟土壤充分混合后覆膜，盖棚、密闭，保持棚内高温高湿状态，棚温升高至 70℃以上持续10～15 天。根结线虫病等土传病害发病重的地块，在夏季高温季节，深翻地 25 厘米深，每亩撒施 500 千克切碎的稻草或麦秸，撒石灰氮 40～80 千克后旋耕混匀、起垄，铺地膜后灌水，土壤湿度在 60% 以上，保持 20 天。闷棚消毒后揭膜晾晒 10～15 天，使用微生物菌剂处理后种植。

### 5.2 覆盖地膜

选用银黑双色地膜在垄上覆盖，银灰色朝上避蚜，黑色朝下防治杂草，同时，阻止斑潜蝇、夜蛾类害虫入土化蛹并能减轻病害。

### 5.3 设置防虫网

在棚室门口和通风口安装 40～60 目防虫网，兼顾防虫和降低棚内湿度。

### 5.4 粘虫板诱杀

在未释放天敌的田块，悬挂黄色粘虫板诱杀有翅蚜、斑潜蝇成虫等。每亩悬挂 20～30 张。如果要释放天敌昆虫，应在释放前摘除粘虫板。

## 5.5　灯光诱杀

连片种植的露地芹菜，每20～30亩生产区域可安装1盏杀虫灯，成虫发生期开灯诱杀甜菜夜蛾等鳞翅目害虫。

# 6　生物防治

## 6.1　微生物菌剂土壤处理

预防软腐病、根腐病等土传病害，可在播种或定植前每亩使用含有木霉菌、芽孢杆菌的微生物菌剂（不低于20亿CFU/克）1～2千克进行土壤处理；定植时，可在定植穴中撒施适量微生物菌剂。

## 6.2　适时释放天敌

优先采用生物制剂防治蚜虫、斑潜蝇等害虫，压低虫源基数，施药7～10天后，棚内初见害虫时释放天敌昆虫。使用食蚜瘿蚊防治蚜虫，每次每亩释放食蚜瘿蚊400～600头，每5～7天释放一次，连续释放3～5次，释放期棚内温度控制在15～35℃，湿度控制在40%～80%；利用姬小蜂防治斑潜蝇，每次每亩释放350～700头，7天内释放2～3次。释放天敌后做好害虫监测，必要时及时采取药剂防治。

## 6.3　昆虫信息素诱杀

连片种植的露地芹菜，每亩安装一组甜菜夜蛾性信息素诱捕器诱杀成虫，诱捕器进虫口高于植株生长点20厘米左右。

## 7 化学防治

可采取苗期灌根和生长期喷施等方式进行施药，对于草害采用地面封杀的方式施药。优先使用生物源农药，科学选择高效、低风险化学农药，注意轮换用药，严格执行安全间隔期。

### 7.1 芹菜病害

#### 7.1.1 叶斑病（尾孢叶斑病、链格孢叶斑病）

发病初期，每亩可用 10% 苯醚甲环唑水分散粒剂 67～83 克喷雾防治，安全间隔期 5 天，同时要注意整个种植区域的消毒，避免叶斑病大范围扩散。

#### 7.1.2 斑枯病

田间发现中心病株时，及时将病株拔出深埋，并全面采用药剂喷雾防治。发病初期，每亩可用 10% 苯醚甲环唑水分散粒剂 35～45 克、30% 苯醚甲环唑水分散粒剂 12～15 克或 37% 苯醚甲环唑水分散粒剂 9.5～12.0 克喷雾防治，安全间隔期 5 天。

#### 7.1.3 病毒病

可通过防治蚜虫，减少传毒媒介进行控制，也可在发病前喷施诱导抗病激活剂（如壳聚糖）提前预防。

### 7.2 芹菜虫害

#### 7.2.1 蚜虫

黄板监测或田间发现有翅蚜时开始用药防治。蚜虫发生初期或发生始盛期，每亩可选用 25% 吡蚜酮可湿性粉剂 20～32 克、50% 吡蚜酮可湿性粉剂 14.0～16.8 克、1.5% 苦参碱可溶液剂 30～40 毫升或 25% 噻虫嗪水分散粒剂 4～8 克兑水喷雾防治，安全间隔期 10 天；亦可每亩选用 10% 吡虫啉可湿性粉剂 10～20 克、20% 吡虫啉可湿性粉剂 5～10 克、25% 吡虫啉可湿性粉剂 4～8 克、50% 吡虫啉可湿性粉剂 2～4 克、70% 吡虫啉可湿性粉剂 1.5～2.5 克、5% 啶虫脒乳油 24～36 毫升或 10% 啶虫脒乳油 12～18 毫升喷雾防治，安全间隔期 7 天。采收期严禁用药。

### 7.2.2　甜菜夜蛾

除早除小，在低龄幼虫期进行防治，每亩可用 1% 苦皮藤素水乳剂 90～120 毫升喷雾防治，安全间隔期 10 天。甜菜夜蛾隐蔽性强，易藏匿于叶片背面及叶片重叠区域，药剂喷雾时要均匀打透，根据甜菜夜蛾活动规律，傍晚进行药剂防治效果最好。

### 7.2.3　斑潜蝇

可在防治其他虫害时兼防兼治。

# 附录 A　芹菜主要病虫草害及其为害症状

芹菜主要病虫草害及其为害症状如图所示。

芹菜链格孢叶斑病叶片正面症状（左）及其引起叶梢干枯（右）

芹菜尾孢叶斑病叶面症状（左）及其引起叶梢干枯（右）

芹菜斑枯病叶片正面症状（左）及叶片背面症状（右）

芹菜斑枯病茎秆发病症状

芹菜根腐病（左）及其田间发病情况（右）

芹菜软腐病田间发病症状

芹菜病毒病黄化症状（左）及皱缩症状（右）

芹菜根结线虫病

芹菜叶片上的蚜虫（左）及其为害后的芹菜叶片（右）

芹菜叶片上的甜菜夜蛾幼虫（左）及其为害后的芹菜叶片（右）

斑潜蝇在虫道内化蛹（左）和不规则的白色蛇形虫道（右）

藜　　　　　　　　　　　马齿苋

马唐　　　　　　　　　　苜蓿

苦苣菜

# 附录 B　芹菜主要病虫害防治推荐农药使用方案

可选择用于防治芹菜病虫害的部分药剂及其使用方法详见下表。

**芹菜主要病虫害防治推荐农药使用方案**

| 防治对象 | 防治时期 | 农药名称 | 使用量 | 使用方法 | 安全间隔期（天数） |
|---|---|---|---|---|---|
| 叶斑病 | 发病前或发病初期 | 10% 苯醚甲环唑水分散粒剂 | 67～83 克/亩 | 喷雾 | 5 |
| 斑枯病 | 发病前或发病初期 | 10% 苯醚甲环唑水分散粒剂 | 35～45 克/亩 | 喷雾 | 5 |
| | 发病初期 | 30% 苯醚甲环唑水分散粒剂 | 12～15 克/亩 | 喷雾 | 5 |
| | 发病前或发病初期 | 37% 苯醚甲环唑水分散粒剂 | 9.5～12.0 克/亩 | 喷雾 | 5 |
| 蚜虫 | 发生始盛期 | 25% 吡蚜酮可湿性粉剂 | 20～32 克/亩 | 喷雾 | 10 |
| | 发生始盛期 | 50% 吡蚜酮可湿性粉剂 | 14.0～16.8 克/亩 | 喷雾 | 10 |
| | 发生初期 | 1.5% 苦参碱可溶液剂 | 30～40 毫升/亩 | 喷雾 | 10 |
| | 发生始盛期 | 10% 吡虫啉可湿性粉剂 | 10～20 克/亩 | 喷雾 | 7 |
| | 发生始盛期 | 20% 吡虫啉可湿性粉剂 | 5～10 克/亩 | 喷雾 | 7 |

（续表）

| 防治对象 | 防治时期 | 农药名称 | 使用量 | 使用方法 | 安全间隔期（天数） |
|---|---|---|---|---|---|
| 蚜虫 | 发生始盛期 | 25% 吡虫啉可湿性粉剂 | 4～8 克/亩 | 喷雾 | 7 |
| | 发生始盛期 | 50% 吡虫啉可湿性粉剂 | 2～4 克/亩 | 喷雾 | 7 |
| | 发生初期 | 70% 吡虫啉可湿性粉剂 | 1.5～2.5 克/亩 | 喷雾 | 7 |
| | 发生初期 | 25% 噻虫嗪水分散粒剂 | 4～8 克/亩 | 喷雾 | 10 |
| | 发生始盛期 | 5% 啶虫脒乳油 | 24～36 毫升/亩 | 喷雾 | 7 |
| | 发生始盛期 | 10% 啶虫脒乳油 | 12～18 毫升/亩 | 喷雾 | 7 |
| 甜菜夜蛾 | 低龄幼虫发生期 | 1% 苦皮藤素水乳剂 | 90～120 毫升/亩 | 喷雾 | 10 |

注：农药使用应以最新版本 NY/T 393《绿色食品　农药使用准则》的规定为准。

## 1 生产概况

花生是重要的油料作物，2020 年全球种植面积 4.2 亿亩，总产量 4779 万吨，平均亩产 113 千克。中国是世界花生生产大国，2020 年种植面积 6900 万亩，总产量 1799 万吨，面积仅次于印度，总产量位列世界第一。河南省是我国第一花生生产大省，2020 年河南省花生种植面积 1892.7 万亩，总产量 594.9 万吨，种植面积占全国的 27.4%，总产量占全国的 34.0%，河南省花生总产量占全国油料总产量的约 17%。2020 年河南省花生平均亩产 314.3 千克，是全国平均单产的 1.2 倍，单产在全国各省份中排第二位。近年来，随着连作年限的增加和极端天气频发，病虫草害为害日益严重，制约了花生产量和品质的进一步提高，故制定其病虫草害绿色防控技术指南如下。

## 2 常见病虫草害

### 2.1 病害

根腐病（病原为多种镰刀菌，主要有茄类镰孢、尖孢镰孢、粉红镰孢、三隔镰孢、串珠镰孢等）、茎腐病（病原为棉色二孢）、白绢病（病原为齐整小核菌）、果腐病（病原为茄类镰孢菌、立枯丝核菌和群结腐霉）、青枯病（病原为青枯假单胞菌、冠腐病（病原为黑曲霉菌）、褐斑病（病原为落花生尾孢）、黑斑病（病原为暗拟束梗霉属）、网斑病（病原为花生茎点霉）、焦斑病（病原为落花生小光壳）、锈病（病原为落花生柄锈菌）等。

### 2.2 虫害

蛴螬、金针虫、地老虎、蚜虫（优势种为豆蚜）、蓟马（优势种为豆蓟马）、棉铃虫、甜菜夜蛾、斜纹夜蛾等。

### 2.3 草害

马唐、牛筋草、狗尾草、稗草、绿苋、马齿苋等。

## 3 防治原则

按照"预防为主、综合防治"的植保原则，在做好田间监测的基础上，采用农业措施、物理防治、生物防治以及科学合理的化学防治相结合的绿色综合防控技术，实现控制花生病虫害并达到花生安全生产的目的。

# 4 农业防治

## 4.1 抗性品种

根据当地病虫害种类和发生特点,因地制宜,种植适合当地的高产、优质、抗病虫品种,这是一种最为经济有效的病虫害防控措施,可显著减轻病虫害(如冠腐病、青枯病、蓟马等)的发生。目前生产上可以选择具有一定抗病虫特性的花生品种,如豫花 9326、花育 25、开农 172 等。

## 4.2 种子处理

在播种前 10~15 天内剥壳,剥壳前可选择晴天带壳晒种2~3 天,晒种时要特别注意不要放在水泥场和石板上,以免温度过高,损害种子的发芽能力。结合剥壳剔除病果、烂果、秕果,选择籽粒饱满、皮色鲜亮、无病斑、无破损的种子。选取种子后进行拌种,有肥料拌种和药剂拌种两种方式,肥料拌种每亩用种量加入生物磷、钾肥 1 千克,药剂拌种见 "7 化学防治" 部分。浸种催芽环节,先用 30~40℃温水浸种,吸足水分后,再捞出置于 25~30℃环境下催芽;也可用干种子以 1∶5 的比例与湿沙分层排放,使之吸水萌发催芽,催芽须注意保温、保湿和适当通风,大部分种子萌发后,捞出已萌发的种子播种。

## 4.3 田园管理

### 4.3.1 培育壮苗

培育壮苗可以在苗期炼苗(也称饿苗或蹲苗),就是在苗期控制水分,促进幼苗根系深扎,培育良好根系。充分发挥第一、第二侧枝的增产作用,这项措施必须掌握分寸,一般在幼苗 4 片真叶时开始，以土壤干旱程度不危及植株正常的生理活动为度，即不出现反叶、卷叶现象为宜，水肥条件好的田块才能炼苗。对于弱苗要及时施肥和浇水。

清棵是在深播的条件下，为了解放埋在土中的第一对侧枝所采取的一项增产措施。具体做法是结合第一次中耕，用小锄将花生植株周围的泥土扒开，使2片子叶露出土面，以及早地促进第一、第二侧枝健壮成长，增加花生产量。

花生出苗后，开始查苗补种，剔除弱苗和病苗，消除缺苗断垄现象，采用催芽补种和育苗移栽的方法进行。

### 4.3.2　清洁田园

播种前，清除花生田残留的作物秸秆、病残体及其周边的杂草等；花生生长期，及时清除田间杂草和病死株；病田用的农机、工具等应及时消毒。收获后，及时清除病残体并对其周围土壤进行消毒；病虫害发生严重的地块，避免秸秆还田。露栽田和垄种的垄沟可用机械耕耘、人工拔除等方法除草。清洁田园可以预防病虫害的发生，如蓟马等。

### 4.3.3　深翻土壤

花生种植时选择在通透性良好的土地，耕地时要深耕细耙，一般深耕30～35厘米，连作花生连续旋耕2～3年后深翻1次，降低田间病菌和害虫基数。在冠腐病、茎腐病、根腐病、青枯病、白绢病和果腐病等根茎部病害发生严重的区域，宜每1～2年在花生收获后或种植前深翻1次，减少侵染源。深耕土壤还能减少虫害的发生，如棉铃虫等。

### 4.3.4　合理施肥

施肥分基肥和追肥两种方式，花生基肥一般以厩肥、堆肥、饼肥等有机肥为主，增施腐熟的优质有机肥，适当配合氮、磷、钾肥等，土壤偏酸时应增施一定数量的石灰，土壤微量元素缺乏时，可将微量元素和有机肥混合作基肥施入。在基肥量不足时，必须适量追肥，氮、磷、钾、钙等肥料的施用量应根据土壤营养水平、花生产量指标、肥料种类和肥料利用率来决定，其中有机氮与无机氮之比不低于 1∶1。增施一定的钙肥可以起到预防果腐病的作用。花生生长中后期，根部吸收功能开始衰退，在结荚后期叶面可喷施 0.2%～0.3% 的磷酸二氢钾水溶液进行追肥。

### 4.3.5　起垄种植

起垄有利于旱浇涝排，便于田间管理，增加群体通风透光性，减少病害的发生。一垄双行，垄高 12～15 厘米，垄宽 75～80 厘米，垄面宽 45～50 厘米，垄上行距 25～30 厘米，播种行至垄面边距不小于 10 厘米。

### 4.3.6　水分管理

注意天气的变化，如果遇到连阴雨天气，要提前做好排水措施，如果遇到干旱天气，要及时灌溉浇水，保证花生的正常生长，提高自身的抵抗性。浇水要看天、看地、看苗情而定。花生苗期需水量少，一般不浇水，当发生萎蔫时及时浇水。开花盛期至荚果膨大中期，是决定产量高低的关键时期，也是需水量最多的时期，在这个时期内对土壤湿度要求大，遇旱要及时浇水。夏季高温如遇暴雨造成田间积水时，要及时排涝，避免出现烂根、烂果现象，实现涝灾之年不减产。良好的水分管理可以预防花生果腐病等。

### 4.3.7　合理密植

春播每亩种植密度宜 9000～11000 穴；麦垄套种每亩种植密

度宜 11000～12000 穴；夏直播每亩种植密度宜 12000～13000 穴。每穴 2 粒，播种深度 3～5 厘米。

## 4.4　合理轮作

轮作倒茬，能减少土壤中病虫基数，可以预防病害果腐病、冠腐病、青枯病及虫害甜菜夜蛾等。花生宜与小麦、玉米等禾本科作物轮作，轮作年限一般为 2～4 年。

## 5　物理防治

### 5.1　杀虫灯诱杀

将频振式杀虫灯吊挂在牢固的物体上，然后放置在花生田中，吊挂高度 1.5 米左右，可诱杀棉铃虫、甜菜夜蛾等害虫的成虫。杀虫灯在田间成棋盘状布局，灯距 100～150 米，每 50～60 亩配备一盏杀虫灯。

### 5.2　粘虫板诱杀

利用害虫的趋黄性或趋蓝性，采用粘虫板或在色板上涂抹黏胶剂诱杀害虫。黄板诱杀蚜虫等害虫，蓝板诱杀蓟马等害虫。粘虫板悬挂密度可参考厂家推荐，高度略高于植株顶部。

### 5.3　信息素诱杀

成虫羽化前，每亩悬挂 3 套棉铃虫、甜菜夜蛾或斜纹夜蛾性诱捕器诱杀成虫。诱捕器悬挂高度为 1.0～1.5 米。注意要及时清理诱捕到的虫体并更换诱芯。

## 5.4　食诱剂诱杀

从棉铃虫成虫羽化初期开始，每亩悬挂 3 个棉铃虫生物食诱剂诱集盘诱杀成虫，按使用说明定期更换食诱剂；或将夜蛾科食诱剂药液沿垄沟滴洒，每条药液带长 50 米，间隔 30 米。

## 6　生物防治

### 6.1　生物药剂防虫

选用 10 亿 CFU/ 克金龟子绿僵菌颗粒剂，在花生播种起垄前、蛴螬低龄幼虫期沟施 3～4 千克 / 亩，按照药：土或肥 =1：10 拌土或拌肥沟施，每季作物最多使用 1 次；或将 150 亿 CFU/ 克球孢白僵菌可湿性粉剂 250～300 克 / 亩与细土或细沙混匀，每亩用细土或细沙 15～20 千克，在花生播种期穴施或花生开花下针期施于花生墩四周；或在害虫卵孵化盛期或低龄幼虫期穴施或沟施 2 亿 CFU/ 克金龟子绿僵菌 CQMa421 颗粒剂 2～6 千克 / 亩后，直接播种或将花生苗移栽于该穴或沟中。

### 6.2　保护天敌生物

保护瓢虫、食蚜蝇等天敌，可减少花生蚜虫为害。花生田周围种植豇豆等蜜源植物，有利于保护蛴螬的天敌臀沟土蜂。

## 7　化学防治

### 7.1　花生病害

花生病害的化学防治，关键在于抓住播种期种子处理以及发病初期药剂防治相结合。

### 7.1.1　根腐病

花生根腐病的防治主要在种子播种期进行防治。种子播种期，可选用 11% 精甲·咯·嘧菌悬浮种衣剂 2.5～3.5 毫升 / 千克种子、35 克 / 升精甲·咯菌腈种子处理悬浮剂 3.5～5.0 毫升 / 千克种子、25 克 / 升咯菌腈悬浮种衣剂 6～8 毫升 / 千克种子、41% 唑醚·甲菌灵悬浮种衣剂 1～3 毫升 / 千克种子、25% 噻虫·咯·霜灵悬浮种衣剂 3～7 毫升 / 千克种子、35 克 / 升精甲·咯菌腈悬浮种衣剂 2.45～4.30 毫升 / 千克种子、25% 噻虫·咯菌腈种子处理悬浮剂 6.5～7.5 毫升 / 千克种子、10% 咯菌·嘧菌酯悬浮种衣剂 1.7～2.5 毫升 / 千克种子、30% 萎锈·吡虫啉悬浮种衣剂 7.5～10.0 毫升 / 千克种子、16% 辛硫·多菌灵悬浮种衣剂 1∶（40～60）（药种比）、27% 苯醚·咯·噻虫悬浮种衣剂 4～6 毫升 / 千克种子或 6% 咯菌腈·精甲霜·噻呋种子处理悬浮剂 7.5～10.0 毫升 / 千克种子对花生种子进行包衣。

种子播种期，可选用 2% 吡唑醚菌酯种子处理悬浮剂 2.5～3.0 毫升 / 千克种子或 350 克 / 升精甲霜灵种子处理乳剂 0.4～0.6 毫升 / 千克种子，采用拌种方式防治根腐病。

使用上述药剂时，量取需要的剂量，加少量水将药剂稀释，将种子倒入药液，进行搅拌，直到药液均匀分布到种子表面，晾干后即可。拌种后药剂随着种子的吸胀和水分一起进入种子体内，种子萌发后在作物体内长期储存，遍布作物根、茎、叶，对作物形成全方位保护，整个生育期均对根腐病等地下病虫害有较好的防治效果。配制好的药液应在 24 小时内使用。在新品种作物上大面积应用时，必须先进行小范围的安全性试验。施药后应设立警示标志，人畜允许进入的间隔时间为 24 小时。播种时须考虑低温、大雨等不良环境影响，适时播种，播种时应注意土壤墒情，不宜过湿。

### 7.1.2 茎腐病

花生茎腐病俗称烂脖子病，在全国各花生产区均有发生，一般发生在花生生育的中后期。茎腐病一般在花生播种期预防。在花生播种前，可选用38%苯醚·咯·噻虫悬浮种衣剂2.88～4.32克/千克种子，种子包衣应均匀，阴干后播种；用于处理的种子应达到国家良种标准，配制好的药液应在24小时内使用。也可选用45%烯肟·苯·噻虫悬浮种衣剂试剂4～6克/千克种子，按照播种量量取推荐用量的药剂，加入适量水稀释并搅拌均匀配制成药浆［药浆与种子比例为1∶（50～100），即100千克种子对应的药浆量为1～2升］，将种子倒入药浆，充分搅拌均匀，晾干后即可播种；用于处理的种子应达到国家良种标准，配制好的药液应在24小时内使用。

### 7.1.3 白绢病

白绢病是花生的主要病害之一，防治白绢病应注意播种前、花生下针期、病害发生前或病害发生初期等防治关键期。

在花生播种前，可选择30%萎锈·吡虫啉悬浮种衣剂7.5～10.0毫升/千克种子、6%咯菌腈·精甲霜·噻呋种子处理悬浮剂7.5～10.0毫升/千克种子、11%吡虫啉·咯菌腈·嘧菌酯种子处理悬浮剂14～18克/千克种子、6%嘧菌酯·噻虫嗪·噻呋种子处理悬浮剂40～53毫升/千克种子等，以种子包衣的方式进行防治。建议药剂使用前摇匀，并按照说明书的要求兑水配好后，均匀地洒在种子上进行拌种，让每个种子表面都有药液，以保证防治效果。为避免药剂浪费，应清洗药瓶。拌种后如不能及时播种，须将种子摊开于阴凉通风处晾干后存放，拌种后不能闷种，也不能晒种。用于包衣的种子应为经过精选的优质种子。

在花生下针期，选择 240 克 / 升噻呋酰胺悬浮剂 45～60 毫升 / 亩，均匀喷雾于花生茎基部，使用此药剂后的花生应至少间隔 7 天才能收获，每季最多使用 1 次。

在花生白绢病发生前，可选择 60% 氟胺·嘧菌酯水分散粒剂 30～60 克 / 亩于茎基部喷雾，间隔 7～10 天施药一次，其用于花生的安全间隔期为 21 天，一季作物最多使用 3 次。

在花生白绢病发生初期，可选择 20% 多抗霉素·噻呋酰胺悬浮剂 30～33 毫升 / 亩喷雾（使用的安全间隔期为 21 天，每季最多使用 3 次），或选择 20% 氟酰胺可湿性粉剂 75～125 克 / 亩喷雾（喷淋茎基部，间隔 7～10 天施药一次，可连续使用 2～3 次，每季最多使用 3 次）。

在花生白绢病发生前或发生初期，可选择 27% 噻呋·戊唑醇悬浮剂 40～45 毫升 / 亩喷雾（注意喷雾均匀周到，每季最多施药 3 次，施药间隔为 7～14 天），或选择 38% 唑醚·啶酰菌水分散粒剂 90～120 克 / 亩喷雾（发病前预防处理或发病初期采取低剂量，病害流行时采取高剂量，每季最多施药 3 次，施药间隔 10～14 天，花生采收前安全间隔期为 30 天）。

### 7.1.4　褐斑病

花生褐斑病是世界性普遍发生的病害。在中国各花生产区均有发生，是花生种植中分布最广、为害最重的病害之一。花生初花期开始发生，生长中后期为发生盛期。中国河南、山东等地一般 6 月上旬始见，7 月中旬至 8 月下旬为发生盛期；南方春花生于 4 月开始发生，6—7 月为害最重。

花生开花初期，是防治褐斑病的关键时期。在发病初期，当田间病叶率达到 5%～10% 时，及时喷洒药剂进行防治，可选用 19% 啶氧·丙环唑悬浮剂 70～88 毫升/亩，保护性全株均匀喷雾，每次施药间隔期为 10 天，应保证足够喷液量（常规每亩用水量 30 千克），每季最多使用 2 次，花生采收前安全间隔期为 21 天；或选用 70% 甲基硫菌灵可湿性粉剂 25～33 克/亩喷雾，每次施药间隔期为 7～10 天，每季最多使用 4 次。

在病害发生初期，每亩可选择 25% 多·锰锌可湿性粉剂 100～200 克/亩喷雾，注意喷雾均匀，根据病害发生情况 7～10 天施药一次，可连续用药 3 次，每季作物最多使用次数为 3 次，花生采收前安全间隔期为 20 天；还可选择 70% 甲基硫菌灵可湿性粉剂 25～33 克/亩喷雾，每次施药间隔期为 7～10 天，每季最多使用次数为 4 次。

### 7.1.5　网斑病

花生网斑病是世界性花生病害，在中国北方花生产区普遍发生，是花生叶斑类病害中蔓延快、为害重的病害之一。网斑病在花生生长期各阶段均可发生，以中后期发病最重。网斑病的防治，可于病害发生前或初期及时用 25% 多·锰锌可湿性粉剂 100～200 克/亩喷雾，注意喷雾均匀，根据病害发生情况 7～10 天施药一次，可连续用药 3 次，每季作物最多使用次数为 3 次，花生采收前安全间隔期为 20 天。

### 7.1.6　锈病

花生锈病是一种世界性的叶部病害，在广东、广西[1]、福建、四川、江西、湖南、湖北、江苏、山东、河南、河北、辽宁等省（区）相继发生，尤以南方各产区发病严重。

---

[1]　广西壮族自治区，全书简称广西。

花生锈病的防治可在病害发生前、发病初期或花生抽穗前20天进行。在病害发生前，可选用19%啶氧·丙环唑悬浮剂70～88毫升/亩保护性全株均匀喷雾，每次施药间隔10天，并保证足够的喷液量（常规亩用水量为30千克），每季最多使用2次，花生收获前安全间隔期为21天。在抽穗前20天或发病初期，可选择240克/升噻呋酰胺悬浮剂30～40毫升/亩喷雾，药剂兑入适量水搅拌均匀常规喷雾（常规亩用水量30千克），花生采收前安全间隔期为14天，每季最多使用1次。

### 7.1.7　黑斑病、焦斑病

目前尚无专门针对花生黑斑病、焦斑病防治用药的登记，但可参照花生叶斑病的防治用药。

在花生播种前，可选择21%戊唑·吡虫啉悬浮种衣剂按药种比1:（100～150）进行种子包衣，手工包衣和机械包衣均可。手工包衣时，按推荐制剂用药量加清水混匀，倒入种子充分翻拌，待种子均匀着药后，倒出摊开置于通风处，阴干后播种。机械包衣时，按推荐制剂用量加适量清水，将药液调成浆状，选用适宜的包衣机械，进行包衣处理。处理过的种子播种深度以2～5厘米为宜，此药剂每季最多使用1次。

在病害发生前或发生初期，可选择80%代森锰锌可湿性粉剂60～75克/亩，叶面均匀喷雾，视病情发展或天气状况施药，每次用药间隔7天左右，一季最多施用3次，花生采收前安全间隔期为14天；或选择250克/升吡唑醚菌酯乳油30～40毫升/亩喷雾，间隔7～10天连续施药，每季最多使用2次，花生采收前安全间隔期为15天；还可选择30%唑醚·戊唑醇悬浮剂20～40毫升/亩喷雾，兑水量45～50千克/亩，注意喷雾均匀、周到，花生采收前安全间隔期为45天，每季最多施药3次。

在病害发病初期，可选择 50% 多·硫可湿性粉剂 160～240 克/亩，每隔 10～15 天喷雾一次，稀释药剂时一定要采用二次稀释法，使药液均匀，喷雾要均匀，不可漏喷，要喷到作物叶面，花生收获前安全间隔期 20 天，每季最多施此药 2 次；或选择 65% 代森锌水分散粒剂 90～100 克/亩喷雾施药，每次间隔 10～15 天，连续施药 2～3 次，花生收获前的安全间隔期为 45 天，每季作物最多使用 3 次。

## 7.2　花生虫害

花生虫害防控应做好田间管理与监测，根据情况在各虫害防治的最佳时间及时施药。

### 7.2.1　蛴螬

蛴螬的化学防治，可在花生播种期、团棵期，或于花生蛴螬幼虫发生期、地下害虫发生高峰时进行。

在花生播种期，可选择 25% 噻虫·咯·霜灵悬浮种衣剂 3～7 毫升/千克种子、25% 噻虫·咯菌腈种子处理悬浮剂 6.5～7.5 毫升/千克种子、30% 萎锈·吡虫啉悬浮种衣剂 7.5～10 毫升/千克种子、16% 辛硫·多菌灵悬浮种衣剂 1∶（40～60）（药种比）、27% 苯醚·咯·噻虫悬浮种衣剂 4～6 毫升/千克种子、45% 烯肟·苯·噻虫悬浮种衣剂 4～6 克/千克种子、11% 吡虫啉·咯菌腈·嘧菌酯种子处理悬浮剂 14～18 克/千克种子、6% 嘧菌酯·噻虫嗪·噻呋种子处理悬浮剂 40～53 毫升/千克种子、600 克/升吡虫啉悬浮种衣剂 2～4 毫升/千克种子等药剂进行种子包衣，也可选择 70% 噻虫嗪种子处理可分散粉剂按用量 2.00～2.85 克/千克种子拌种。

在花生团棵期或花生蛴螬幼虫发生期，选择 35% 辛硫磷微囊悬浮剂 400～600 克 / 亩兑水稀释后灌根进行防治，此药剂见光易分解，宜早晚施药，施药后立即覆土，每季只能施用 1 次。

在花生地下害虫发生高峰期或播种期，选择 3% 辛硫磷颗粒剂 6～8 千克 / 亩撒施，花生收获前的安全间隔期为 42 天，每季最多使用 1 次。

### 7.2.2　金针虫

在花生地下害虫发生高峰期或播种期时，选择 3% 辛硫磷颗粒剂 6～8 克 / 亩撒施方式防治，花生收获前的安全间隔期为 42 天，每季最多使用 1 次。

在花生播种期，可选择 600 克 / 升吡虫啉悬浮种衣剂，用量为 2～3 毫升 / 千克种子，以种子包衣的方式进行防治，用于处理的种子应达到国家良种标准，每季用药 1 次。手工包衣时，以处理 100 千克种子为例，按推荐用药量将药剂用清水稀释至 1～2 升，将药浆与种子充分搅拌，直到药液均匀分布到种子表面，晾干后即可播种。机械包衣时，按推荐制剂用量加适量清水，将药液调成浆状液；选用适宜的包衣机械，调整机械的药种比为 1：（80～100）进行包衣处理。

### 7.2.3　地老虎

在花生地下害虫发生高峰期或播种期，选择 3% 辛硫磷颗粒剂 6～8 克 / 亩撒施，花生收获前的安全间隔期为 42 天，每季最多使用 1 次。

### 7.2.4　蚜虫

在花生播种期，可选择 30% 噻虫嗪种子处理悬浮剂 2.33～3.67 克 / 千克拌种，拌种方法：采用药剂浸种后，沥干水分，按照每 100 千克干种子加 1.0～2.5 升水的比例稀释，然后与种子充分搅拌均匀，晾干后催芽播种，亦可先拌种，后浸种，再催芽播种。

在花生播种期，也可选择 22% 苯醚·咯·噻虫悬浮种衣剂按照 5.0～6.6 克 / 千克种子，采用种子包衣方式进行防治，种子包衣方法：量取 5.0～6.6 克 / 千克种子用量的药剂，加入适量水稀释并搅拌成药浆，将种子倒入，充分搅拌均匀，晾干后即可播种。配制好的药液应在 24 小时内使用，包衣后的种子应及时播种，如贮存须控制含水量在安全范围内，每季用药 1 次。

## 7.3 花生草害

花生草害主要有马唐、牛筋草、狗尾草、稗草、绿苋、马齿苋等。可在花生 2～3 片复叶期选择 10% 精喹禾灵乳油、杂草 3～5 叶期选择 150 克 / 升精吡氟禾草灵乳油、杂草 3～4 叶期选择 480 克 / 升灭草松水剂、播后苗前选择 240 克 / 升乙氧氟草醚乳油茎叶喷雾或土壤喷雾。

## 7.4 药剂防治注意事项

具体用药时间、用药量、每季用药次数、使用安全间隔期及注意事项，应参照登记农药标签的说明。大风天或预计 1～3 小时内降雨，不宜施药。

# 附录 A 花生主要病虫害及其为害症状

花生病虫害及其为害症状如图所示。

花生根腐病

花生茎腐病

花生白绢病

花生果腐病

花生黑斑病（右上）及其田间为害状（左、右下）

花生网斑病（左）及其田间为害状（右）

花生青枯病（左）及其田间为害状（右）

花生褐斑病

花生焦斑病

花生蚜虫

花生蓟马

# 附录 B　花生主要病虫草害防治推荐农药使用方案

可选择用于防治花生病虫草害的部分药剂及其使用方法详见下表。

**花生主要病虫草害防治推荐农药使用方案**

| 防治对象 | 防治时期 | 农药名称 | 使用量 | 使用方法 | 安全间隔期（天数） |
|---|---|---|---|---|---|
| 根腐病 | 播种期 | 11% 精甲·咯·嘧菌悬浮种衣剂 | 2.5～3.5 毫升/千克种子 | 种子包衣 | |
| | 播种期 | 35 克/升精甲·咯菌腈种子处理悬浮剂 | 3.5～5 毫升/千克种子 | 种子包衣 | |
| | 播种期 | 25 克/升咯菌腈悬浮种衣剂 | 6～8 毫升/千克种子 | 种子包衣 | |
| | 播种期 | 41% 唑醚·甲菌灵悬浮种衣剂 | 1～3 毫升/千克种子 | 种子包衣 | |
| | 播种期 | 35 克/升精甲·咯菌腈悬浮种衣剂 | 2.45～4.3 毫升/千克种子 | 种子包衣 | |
| | 播种期 | 10% 咯菌·嘧菌酯悬浮种衣剂 | 1.7～2.5 毫升/千克种子 | 种子包衣 | |
| | 播种期 | 2% 吡唑醚菌酯种子处理悬浮剂 | 2.5～3 毫升/千克种子 | 拌种 | |
| | 播种期 | 350 克/升精甲霜灵种子处理乳剂 | 4～8 毫升/千克种子 | 拌种 | |

（续表）

| 防治对象 | 防治时期 | 农药名称 | 使用量 | 使用方法 | 安全间隔期（天数） |
|---|---|---|---|---|---|
| 根腐病、白绢病 | 播种期 | 6% 咯菌腈·精甲霜·噻呋种子处理悬浮剂 | 7.5～10 毫升/千克种子 | 种子包衣 | |
| 根腐病、白绢病、蛴螬 | 播种期 | 30% 萎锈·吡虫啉悬浮种衣剂 | 7.5～10 毫升/千克种子 | 种子包衣 | |
| 根腐病、蛴螬 | 播种期 | 25% 噻虫·咯菌腈种子处理悬浮剂 | 6.5～7.5 毫升/千克种子 | 种子包衣 | |
| | 播种期 | 25% 噻虫·咯·霜灵悬浮种衣剂 | 3～7 毫升/千克种子 | 种子包衣 | |
| | 播种期 | 16% 辛硫·多菌灵悬浮种衣剂 | 1：（40～60）（药种比） | 种子包衣 | |
| | 播种期 | 27% 苯醚·咯·噻虫悬浮种衣剂 | 4～6 毫升/千克种子 | 种子包衣 | |
| 茎腐病、蚜虫 | 播种期 | 38% 苯醚·咯·噻虫悬浮种衣剂 | 2.88～4.32 克/千克种子 | 种子包衣 | |
| 茎腐病、蛴螬 | 播种期 | 45% 烯肟·苯·噻虫悬浮种衣剂 | 4～6 克/千克种子 | 种子包衣 | |
| 白绢病 | 花生下针期 | 240 克/升噻呋酰胺悬浮剂 | 45～60 毫升/亩 | 喷雾 | 14 |
| | 发病前或发病初期 | 27% 噻呋·戊唑醇悬浮剂 | 40～45 毫升/亩 | 喷雾 | 21 |
| | 发病初期 | 20% 多抗霉素·噻呋酰胺悬浮剂 | 30～33 毫升/亩 | 喷雾 | 21 |

（续表）

| 防治对象 | 防治时期 | 农药名称 | 使用量 | 使用方法 | 安全间隔期（天数） |
|---|---|---|---|---|---|
| 白绢病 | 发病初期 | 20% 氟酰胺可湿性粉剂 | 75～125克/亩 | 喷雾 | 7 |
| | 发病前 | 60% 氟胺·嘧菌酯水分散粒剂 | 30～60克/亩 | 喷雾 | 21 |
| | 发病前或发病初期 | 38% 唑醚·啶酰菌水分散粒剂 | 90～120克/亩 | 喷雾 | 30 |
| 白绢病、蛴螬 | 播种期 | 11% 吡虫啉·咯菌腈·嘧菌酯种子处理悬浮剂 | 14～18克/千克种子 | 种子包衣 | |
| | 播种期 | 6% 嘧菌酯·噻虫嗪·噻呋种子处理悬浮剂 | 40～53毫升/千克种子 | 种子包衣 | |
| 褐斑病 | 发病前或发病初期 | 70% 甲基硫菌灵可湿性粉剂 | 25～33克/亩 | 喷雾 | 7 |
| 褐斑病、网斑病 | 发病初期 | 25% 多·锰锌可湿性粉剂 | 100～200克/亩 | 喷雾 | 20 |
| 褐斑病、锈病 | 发病前 | 19% 啶氧·丙环唑悬浮剂 | 70～88毫升/亩 | 喷雾 | 21 |
| 锈病 | 抽穗前20天或发病初期 | 240克/升噻呋酰胺悬浮剂 | 30～40毫升/亩 | 喷雾 | 14 |
| 叶斑病 | 发病前或初见病斑时 | 80% 代森锰锌可湿性粉剂 | 60～75克/亩 | 喷雾 | 14 |
| | 发病前或发病初期 | 250克/升吡唑醚菌酯乳油 | 30～40毫升/亩 | 喷雾 | 15 |

（续表）

| 防治对象 | 防治时期 | 农药名称 | 使用量 | 使用方法 | 安全间隔期（天数） |
|---|---|---|---|---|---|
| 叶斑病 | 发病初期 | 50% 多·硫可湿性粉剂 | 160～240克/亩 | 喷雾 | 20 |
|  | 发病前或发病发生初期 | 30% 唑醚·戊唑醇悬浮剂 | 20～40毫升/亩 | 喷雾 | 45 |
|  | 发病初期 | 65% 代森锌水分散粒剂 | 90～100克/亩 | 喷雾 | 45 |
| 叶斑病、蛴螬 | 播种期 | 21% 戊唑·吡虫啉悬浮种衣剂 | 药种比1：（100～150） | 种子包衣 |  |
| 蛴螬 | 花生团棵期或花生蛴螬幼虫发生期 | 35% 辛硫磷微囊悬浮剂 | 400～600克/亩 | 灌根 |  |
|  | 播种期 | 70% 噻虫嗪种子处理可分散粉剂 | 2～2.85克/千克种子 | 拌种 |  |
|  | 播种期 | 600 克/升吡虫啉悬浮种衣剂 | 2～4毫升/千克种子 | 种子包衣 |  |
| 蛴螬、金针虫、地老虎 | 地下害虫发生高峰或播种期 | 3% 辛硫磷颗粒剂 | 6000～8000克/亩 | 撒施 | 42 |
| 金针虫 | 播种期 | 600 克/升吡虫啉悬浮种衣剂 | 2～3毫升/千克种子 | 种子包衣 |  |
| 蚜虫 | 播种期 | 30% 噻虫嗪种子处理悬浮剂 | 2.33～3.67克/千克种子 | 拌种 |  |
|  | 播种期 | 22% 苯醚·咯·噻虫悬浮种衣剂 | 5～6.6克/千克种子 | 种子包衣 |  |

（续表）

| 防治对象 | 防治时期 | 农药名称 | 使用量 | 使用方法 | 安全间隔期（天数） |
|---|---|---|---|---|---|
| 稗草、马唐、狗尾草、牛筋草 | 花生 2～3 片复叶期 | 10% 精喹禾灵乳油 | 32.5～40 毫升 / 亩 | 茎叶喷雾 | |
| | 杂草 3～5 叶期 | 150 克 / 升精吡氟禾草灵乳油 | 50～70 毫升 / 亩 | 茎叶喷雾 | |
| 马齿苋、绿苋 | 杂草 3～4 叶期 | 480 克 / 升灭草松水剂 | 150～200 毫升 / 亩 | 茎叶喷雾 | |
| 马齿苋、稗草、牛筋草 | 播后苗前 | 240 克 / 升乙氧氟草醚乳油 | 40～60 毫升 / 亩 | 土壤喷雾 | |

　　注：农药使用应以最新版本 NY/T 393《绿色食品　农药使用准则》的规定为准。

# 绿色防控技术指南

## 1 生产概况

葡萄为葡萄科葡萄属木质藤本植物，世界各地均有栽培。葡萄是深受大众喜爱的水果，其营养丰富，可鲜食、制成葡萄干或酿酒等，还有一定的药用价值。在我国，除香港与澳门，各省（区、市）均有露地和设施葡萄种植，面积约1200万亩，其中以新疆[①]、安徽、山东、河北、辽宁、河南、四川、云南等省（区）种植面积较大。目前，葡萄绿色生产中尚存在一些突出问题，例如，病虫为害严重，绿色防控技术不科学完善或某些高效防控技术未得到有效推广等，影响了葡萄的产品质量，因此，为服务葡萄绿色生产，制定其病虫草害绿色防控技术指南如下。

---

① 新疆维吾尔自治区，全书简称新疆。

## 2 常见病虫害

### 2.1 病害

主要病害：霜霉病（病原为葡萄生单轴霉）、白粉病（病原为葡萄钩丝壳菌）、灰霉病（病原为灰葡萄孢）、病毒病［病原为葡萄卷叶相关病毒（GLRaV）、葡萄茎痘相关病毒（GRSPaV）、葡萄扇叶病毒（GFLV）等］。

次要病害：炭疽病（病原为炭疽菌属）、白腐病(病原为白腐盾壳霉)、黑痘病（病原为痂囊腔菌）、根癌病（病原为葡萄土壤杆菌）等。

### 2.2 虫害

主要害虫：蓟马（优势种为烟蓟马）、螨类（优势种为葡萄短须螨）、鳞翅目害虫。

次要害虫：蚜虫、蚧类(优势种为葡萄粉蚧)、金龟子类（优势种为白星花金龟）等。

### 2.3 草害

牛繁缕、狗尾草、牛筋草、香附子等。

## 3 防治原则

按照"预防为主、综合防控"的植保方针，在做好田间监测的基础上，综合采用农业措施、理化诱控、生物防治及科学合理的化学防治相结合的综合防控技术，实现控制葡萄病虫害和达到葡萄安全生产的目的。

# 4 农业防治

## 4.1 抗性品种

各地依据栽培条件和区域适应性，结合市场需求，选用对霜霉病、灰霉病、黑痘病等具有较好抗（耐）性的品种。抗霜霉病可选择金星无核、醉金香、黑美人、阳光玫瑰、北醇、克瑞森、信浓乐、京亚等。抗白粉病可选择"瑞都"系列品种、无核翠宝、北冰红等。抗灰霉病可选择巨优 2 号、烟葡一号、新雅、红宝石、小芒森、巨峰等。抗炭疽病可选择巨峰、红巴拉蒂、美人指、阳光玫瑰、夏黑等。抗溃疡病可选择巨峰、红宝石、红地球、香妃、玫瑰香、龙眼等。抗黑痘病可选择巨峰、玫瑰露、吉丰 14、白香蕉、粉红亚都密、新华 1 号等。

## 4.2 种苗管理

实施种苗检疫，采用脱毒健壮种苗。种苗调运过程中做好各方面消毒，从源头上控制病虫害的扩散。定植前修剪受伤根系，剪去苗木主根总长度的 1/4～1/3，保留根系长度 10～15 厘米。移栽前用 20% 萘乙酸粉剂 1000～2000 倍液浸泡蘸根。

## 4.3 果园管控

### 4.3.1 科学选址

选择土层深厚、土壤酸碱度适宜、通透性好、水分适度、地形开阔、地势有适当坡度、通风光照优良、水源充足、没有污染的地块，给葡萄提供良好的立地条件与健康生长的环境。

### 4.3.2 土壤改良

建园前对黏性较重、通透性差的土壤，可进行全园整地深翻作业，深翻深度大于 40 厘米。深翻晒垡后，结合有机物料投入、微生物菌剂施用等措施，培育水、肥、气、热及微生物协调的适宜葡萄种植的园区土壤。使用的有机物料和微生物菌剂符合 NY/T 525《有机肥料》、NY 884《生物有机肥》、GB 20287《农用微生物菌剂》的规定。

### 4.3.3 合理施肥

依据不同品种的产量水平、土壤肥力水平、葡萄生长情况等综合考虑施肥品种和剂量，按照亩产 2000～2500 千克算，有机肥或生物有机肥用量应为 300～500 千克 / 亩，中微量元素肥 25～50 千克 / 亩，过磷酸钙肥或大量元素肥 50～100 千克 / 亩。基肥以有机肥为主，秋冬季全园开深 60 厘米的施肥沟，增施有机肥、生物有机肥或充分腐熟的农家肥，改善土壤环境，增加通透性，促进葡萄养分的吸收，施肥量占全年施肥量的 20% 左右。依据葡萄生长需肥规律，萌芽期追施高氮高磷低钾肥，施肥量低于全年的 20%；幼果期追施中氮高钙高钾肥，注意膨果期氮磷钾的均衡，施肥量占全年的 40% 左右；转色期追施钾钙肥，施肥量占全年的 20% 左右；适时适量补充叶面肥、中微量元素肥，加强对葡萄树体养分的管理。

### 4.3.4 科学管水

培肥后及时足量浇水，可通过滴灌 / 浇灌全园给水，滴水深度达 60 厘米最佳。雨季清沟排水，降低湿度，做到雨停园内不积水。土壤干旱时及时灌水。

### 4.3.5 栽培管理

合理控制种植密度，及时绑蔓摘心、摘除副梢，保持架面通风透光。合理整形修剪，修枝抹芽，培育健壮树木。及时进行冬季修剪，剪去未成熟枝、病虫为害枝、老蔓残枝、细弱枝和残留在结果枝上的僵果、果柄、卷须等。依据剪口粗细确定结果枝的保留数量。萌芽后，抹除主干上除更新枝外的萌芽和过密芽，结果枝抹去双芽、三芽中的弱芽，保留健壮芽。须摘心打尖的品种和区域，在新梢6～8叶时及时摘心打尖，摘除卷须，保证养分供给，培育健壮树体。

### 4.3.6　清洁田园

修剪的枝条、藤蔓，冬季的落叶、病残体等须及时清除，减少病虫害源。

冬季修剪后，剥除老树皮后喷施3～5波美度石硫合剂，或用专用涂白剂涂干保护，早春绒球期再喷施一遍3～5波美度石硫合剂，减少病菌越冬基数，控制园内菌源的扩散与侵染。

# 5　物理防治

## 5.1　诱杀害虫

### 5.1.1　灯光诱杀

利用害虫的趋光性，引诱成虫扑灯，灯外配备电网或水盆等杀虫装置。例如，用频振式杀虫灯、太阳能杀虫灯、黑光灯等引诱害虫。

### 5.1.2　糖醋液诱杀

利用害虫的趋化性，将废旧食用油塑料瓶截留下半截涂成红色用来装糖醋液，使用颜色＋气味综合诱杀，糖醋液配比为糖：醋：白酒：水 =1∶2∶0.4∶10，瓶子悬挂在树冠外围无遮挡处的上部枝条上，诱杀鳞翅目害虫。

### 5.1.3 粘虫板诱杀

利用蚜虫、粉虱、叶蝉、寄生蝇、种蝇趋黄色，蓟马趋蓝色的特性，在害虫发生期，按 15～20 块 / 亩的数量悬挂彩色粘虫板，粘虫板挂在植株中上部，每 20～30 天更换一次，害虫发生较少时及时撤出。

## 5.2 套袋 / 防虫网阻隔

待果实长到黄豆粒大小时，疏果定穗后采用葡萄专用果穗套袋阻隔病害对果实的侵染。连续阴雨突然转晴后不能立即套袋，应 3 天后再进行套袋，可减少气灼病的发生。可在大棚边搭设防虫网，预防外部蚜虫侵入大棚为害作物。

## 5.3 避雨栽培

加盖防雨棚，有条件的地方依据产地条件搭建日光温室、连栋钢架大棚、单体塑料大棚、避雨棚等实施避雨栽培，可减少霜霉病、灰霉病、炭疽病、黑痘病等的发生。避雨棚为依据地形地势南北向建设的塑料大棚，能完全覆盖葡萄架面，棚高须高出架面 50 厘米。

## 5.4 抑草控病虫

用农作物秸秆、黑色地膜或黑白相间地膜覆盖墒面，优选全生物降解地膜，控制杂草生长，减少杂草寄生病虫害传染给葡萄。

# 6 生物防治

## 6.1 性诱剂诱杀

在虫害发生初期，释放人工合成性信息化合物，可将雄虫引诱到诱捕器，及时清理诱捕器中的死虫。每亩放置 3 个诱捕器，每 4～6 周更换一次诱捕芯，且更换诱捕芯时同时移动诱捕器位置，诱捕器悬挂在与葡萄枝顶部高度一致的开阔部位。

## 6.2 生物药剂防病

防治葡萄霜霉病，可在发病前或发病初期选用 3 亿 CFU/ 克哈茨木霉菌可湿性粉剂 200～250 倍液，1.5% 苦参·蛇床素水剂 800～1000 倍液喷雾。防治葡萄白粉病，可选用 1% 蛇床子素可溶液剂 1000～2000 倍液，20% β- 羽扇豆球蛋白多肽可溶液剂 420～555 倍液，0.8% 大黄素甲醚悬浮剂 800～1000 倍液、10% 多抗霉素可湿性粉剂 800～1000 倍液等喷雾。防治葡萄灰霉病，可在发病初期选择 2 亿 CFU/ 克哈茨木霉菌 LTR-2 可湿性粉剂 500～650 克 / 亩，配合 10 亿 CFU/ 克解淀粉芽孢杆菌 QST713 悬浮剂 160～240 倍液，连续喷雾 3 次。防治炭疽病，可选用 16% 多抗霉素可溶粒剂 2500～3000 倍液、0.3% 苦参碱水剂 500～800 倍液或 0.5% 几丁聚糖水剂 100～300 倍液喷雾。

## 6.3 生物药剂防虫

防治蚜虫，可用 1.5% 苦参碱可溶液剂 3000～4000 倍液喷雾；防治蓟马，在葡萄开花前 1～2 天喷施 60 克 / 升乙基多杀菌素悬浮剂 1000～1500 倍液，喷药后 5 天左右检查，如虫情仍然较重，立即进行第二次喷药。

## 6.4　天敌生物防虫

保护利用生物多样性和天敌，推广应用以虫治虫、以螨治螨、以菌治虫、以菌治菌等生物防治关键措施。保护瓢虫、食蚜蝇、寄生蜂等蚜虫天敌的生存环境，避免在天敌活动高峰期用药。保护赤眼蜂、跳小蜂、捕食螨、茧蜂、虎甲等天敌昆虫的栖息环境。有条件的地方可释放足量的捕食螨、瓢虫等天敌昆虫，捕食螨释放量不少于 300 头 / 株，瓢虫释放量应满足瓢蚜比 1 : 100。

## 6.5　以草控草

在葡萄园株行间种植黑麦草、百三叶、紫云英、毛叶苕子等绿肥作物，既可肥地，又可改善果园小气候，形成活覆盖物，抑制恶性杂草的生长。

## 7　化学防治

### 7.1　葡萄病害

葡萄病害的化学防治应综合考虑发病前预防和发病初期控制措施，交替、轮换使用药剂，科学用药。

#### 7.1.1　霜霉病

春季遇降水量超过 10 毫米，雨后 24 小时内施药预防 1 次。病害严重区域，开花前后各喷药预防 1 次；病害轻的区域，开花后喷药预防 1 次。夏季和秋季，降雨频繁、田间湿度大时，喷施低毒低残留药剂预防 1 次。预防用药以保护性杀菌剂为主，可选用 80% 代森锰锌可湿性粉剂 97.5 ～ 188.0 克 / 亩。新梢、嫩叶发病时，及时药剂处理 1 次，重点防治发病中心，将药液喷施在叶片正、背面和生长点等部位。病害爆发期，应连续用药 2～3 次。可选用的药剂包括 30% 吡唑醚菌酯水分散粒剂 3500～4500 倍液、25% 烯酰吗啉悬浮剂 1000～1500 倍液、100 克/升氰霜唑悬浮剂 2000～2500 倍液、46% 氢氧化铜水分散粒剂 1750～2000 倍液等。

### 7.1.2 白粉病

葡萄发芽前、采果后全园用 3～5 波美度石硫合剂各喷雾 1 次；发芽后绒球期喷 0.2～0.3 波美度石硫合剂 1 次。发病初期，选用药剂进行喷雾防治，每 10～15 天喷药 1 次，连续喷施 2～3 次。发病后药剂防治应缩短施药间隔期，视病害控制情况每 7～10 天喷药 1 次，连续喷药 2～3 次。可选用药剂为 2% 嘧啶核苷类抗菌素水剂 200 倍液或 50% 肟菌酯水分散粒剂 1500～2000 倍液等。

### 7.1.3 灰霉病

防治灰霉病注意开花前后、套袋前、成熟前、采收期等防治关键期，可选择 50% 啶酰菌胺水分散粒剂 500～1000 倍液、50% 嘧菌环胺水分散粒剂 600～800 倍液、40% 嘧霉胺悬浮剂 1000～1500 倍液等喷雾。

### 7.1.4 病毒病

防治病毒病优选脱毒健康种苗。干旱气候发病严重，前期可用药剂防治传毒媒介，并参考蚜虫、红蜘蛛、蓟马和白粉虱等害虫防控的推荐药剂和剂量。

### 7.1.5 炭疽病

开花前 2～4 天、开花后 2～3 天、幼果期、套袋前 1～2 天，各用药预防 1 次；发病初期及时药剂防治 1 次；发病中后期连续用药 2～3 次。可选用药剂为 10% 苯醚甲环唑水分散粒剂 800～1300 倍液、20% 抑霉唑水乳剂 800～1200 倍液等。

### 7.1.6　白腐病

开花前 2～4 天、开花后 2～3 天，各使用保护性杀菌剂预防 1 次；发病初期及时药剂防治 1 次；发病中后期，连续用药 2～3 次。可选用药剂为 80% 代森锰锌可湿性粉剂 500～800 倍液或 250 克 / 升嘧菌酯悬浮剂 830～1250 倍液等。

### 7.1.7　黑痘病

防治黑痘病以消除越冬病菌为主，春季及初夏雨水较多时加强病害发生情况调查，发病初期及时药剂防治 1 次，发病中后期，连续用药 2～3 次。可选用药剂为 80% 代森锰锌可湿性粉剂 500～800 倍液、22.5% 啶氧菌酯悬浮剂 1500～2000 倍液或 10% 苯醚甲环唑水分散粒剂 800～1200 倍液等。

### 7.1.8　根癌病

冬季清园后用 29% 石硫合剂水剂进行喷雾封园，对根癌病有较好的预防效果。果园管理期间减少对葡萄植株的人为损伤，及时清理严重病株和发病枝条。发病初期，切除病瘤，选用 77% 硫酸铜钙可湿性粉剂 500～700 倍液涂抹后再涂上凡士林保护。

## 7.2　葡萄虫害

### 7.2.1　蚧类

葡萄树萌芽前、落叶后各喷施 45% 石硫合剂结晶粉 200～500 倍液各 1 次。在萌芽期、若虫孵化期、硬壳形成前的化学防控关键期，喷施 25% 噻虫嗪水分散粒剂 4000～5000 倍液，可连续用药 2～3 次，间隔时间 5～7 天。

### 7.2.2　螨类

葡萄发芽前，全园喷施 3～5 波美度石硫合剂 1 次，在 2～4 叶期，喷施 22% 氟啶虫胺腈悬浮剂 1000～1500 倍液，可连续用药 2～3 次，间隔时间 5～7 天。

## 7.3　葡萄草害

一年生杂草或部分多年生杂草，春末夏初杂草萌芽出土后，用 18% 草铵膦可溶液剂 200～300 毫升 / 亩定向茎叶喷雾，喷施时间要选在晴朗无风的天气进行，以防止飘移。在喷头上装上防护罩以免药液喷到葡萄上，喷施要均匀，杂草叶面要尽量都喷到。

# 附录A 葡萄主要病虫害及其为害症状

葡萄主要病虫害及其为害症状如图所示。

葡萄霜霉病为害叶片（左）和果实（右）症状

葡萄白粉病为害叶片（左）和果实（右）症状

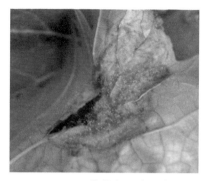

葡萄灰霉病为害叶片（左）和果实（右）症状

葡萄病毒为害叶片（左）和全株（右）症状

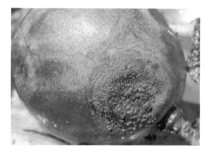

葡萄炭疽病为害叶片（左）和果实（右）症状

葡萄穗轴褐枯病为害症状

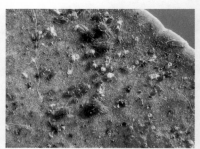

蚜虫为害葡萄　　　　　　　　红蜘蛛为害葡萄

蓟马为害葡萄植株（左）和果实（右）

蚧为害葡萄果柄（左）和果实（右）

# 附录 B　葡萄主要病虫草害防治推荐农药使用方案

可选择用于防治葡萄病虫草害的部分药剂及其使用方法见下表。

**葡萄主要病虫草害防治推荐农药使用方案**

| 防治对象 | 防治时期 | 农药名称 | 使用剂量 | 施药方法 | 安全间隔期（天数） |
|---|---|---|---|---|---|
| 霜霉病 | 发病初期 | 3亿CFU/克哈茨木霉菌可湿性粉剂 | 200～250倍液 | 喷雾 | |
| | 发病初期 | 1.5%苦参·蛇床素水剂 | 800～1000倍液 | 喷雾 | |
| | 发病前或发病初期 | 1.5%苦参碱可溶液剂 | 500～650倍液 | 喷雾 | |
| | 发病前或发病初期 | 2%氨基寡糖素可湿性粉剂 | 600～800倍液 | 喷雾 | |
| | 发病前或发病初期 | 70%代森锰锌可湿性粉剂 | 438～700倍液 | 喷雾 | 15 |
| | 高温高湿季节病害发生前 | 80%代森锰锌可湿性粉剂 | 97.5～188.0克/亩 | 喷雾 | 7 |
| | 发病前或发病初期 | 60%代森联水分散粒剂 | 600～800倍液 | 喷雾 | 7 |
| | 发病前或发病初期 | 25%吡唑醚菌酯悬浮剂 | 1300～2000倍液 | 喷雾 | 10 |

（续表）

| 防治对象 | 防治时期 | 农药名称 | 使用剂量 | 施药方法 | 安全间隔期（天数） |
|---|---|---|---|---|---|
| 霜霉病 | 发病前或发病初期 | 30% 吡唑醚菌酯水分散粒剂 | 3500～4500 倍液 | 喷雾 | 10 |
| | 发病前或发病初期 | 10% 烯酰吗啉水乳剂 | 400～600 倍液 | 喷雾 | 7 |
| | 发病前或发病初期 | 20% 烯酰吗啉悬浮剂 | 800～1200 倍液 | 喷雾 | 7 |
| | 发病前或发病初期 | 25% 烯酰吗啉悬浮剂 | 1000～1500 倍液 | 喷雾 | 7 |
| | 发病前或发病初期 | 40% 烯酰吗啉悬浮剂 | 1600～2400 倍液 | 喷雾 | 7 |
| | 发病前或发病初期 | 50% 烯酰吗啉水分散粒剂 | 30～50 克/亩 | 喷雾 | 7 |
| | 发病前或发病初期 | 80% 烯酰吗啉水分散粒剂 | 20～33 克/亩 | 喷雾 | 7 |
| | 发病前或发病初期 | 20% 嘧菌酯可湿性粉剂 | 1000～1200 倍液 | 喷雾 | 4 |
| | 发病前或发病初期 | 25% 嘧菌酯悬浮剂 | 1000～2000 倍液 | 喷雾 | 4 |
| | 发病前或发病初期 | 30% 醚菌酯悬浮剂 | 1000～2000 倍液 | 喷雾 | 4 |
| | 发病前或发病初期 | 50% 醚菌酯水分散粒剂 | 2000～4000 倍液 | 喷雾 | 4 |
| | 发病前或发病初期 | 60% 醚菌酯水分散粒剂 | 1500～2000 倍液 | 喷雾 | 4 |
| | 发病前或发病初期 | 80% 醚菌酯水分散粒剂 | 1500～2000 倍液 | 喷雾 | 4 |

（续表）

| 防治对象 | 防治时期 | 农药名称 | 使用剂量 | 施药方法 | 安全间隔期（天数） |
|---|---|---|---|---|---|
| 霜霉病 | 发病前或发病初期 | 23.4% 双炔酰菌胺悬浮剂 | 1500～2000 倍液 | 喷雾 | 7 |
| | 发病前或发病初期 | 20% 霜脲氰悬浮剂 | 2000～2500 倍液 | 喷雾 | 7 |
| | 发病前或发病初期 | 50% 霜脲氰水分散粒剂 | 5000～6000 倍液 | 喷雾 | 7 |
| | 发病前或发病初期 | 80% 霜脲氰水分散粒剂 | 8000～10000 倍液 | 喷雾 | 7 |
| | 发病前或发病初期 | 100 克 / 升氰霜唑悬浮剂 | 2000～2500 倍液 | 喷雾 | 3 |
| | 发病前或发病初期 | 20% 氰霜唑悬浮剂 | 4000～5000 倍液 | 喷雾 | 3 |
| | 发病前或发病初期 | 25% 氰霜唑可湿性粉剂 | 4000～5000 倍液 | 喷雾 | 3 |
| | 发病前或发病初期 | 50% 氰霜唑水分散粒剂 | 10000～12500 倍液 | 喷雾 | 3 |
| | 发病前或发病初期 | 28% 波尔多液悬浮剂 | 100～150 倍液 | 喷雾 | 15 |
| | 发病前或发病初期 | 74% 波尔多液水分散粒剂 | 300～400 倍液 | 喷雾 | 15 |
| | 发病前或发病初期 | 80% 波尔多液水分散粒剂 | 300～400 倍液 | 喷雾 | 15 |
| | 发病前或发病初期 | 80% 波尔多液可湿性粉剂 | 300～400 倍液 | 喷雾 | 15 |
| | 发病前或发病初期 | 86% 波尔多液水分散粒剂 | 400～450 倍液 | 喷雾 | 15 |

（续表）

| 防治对象 | 防治时期 | 农药名称 | 使用剂量 | 施药方法 | 安全间隔期（天数） |
|---|---|---|---|---|---|
| 霜霉病 | 发病前或发病初期 | 46% 氢氧化铜水分散粒剂 | 1750～2000 倍液 | 喷雾 | 7 |
| | 发病前或发病初期 | 77% 氢氧化铜水分散粒剂 | 2000～3000 倍液 | 喷雾 | 7 |
| 白粉病 | 发病前或发病初期 | 1% 蛇床子素可溶液剂 | 1000～2000 倍液 | 喷雾 | |
| | 发病前或发病初期 | 1% 蛇床子素水乳剂 | 200～220 毫升/亩 | 喷雾 | |
| | 发病前或发病初期 | 20% β-羽扇豆球蛋白多肽可溶液剂 | 420～555 倍液 | 喷雾 | |
| | 发病前或发病初期 | 2% 大黄素甲醚水分散粒剂 | 1000～1500 倍液 | 喷雾 | 10 |
| | 发病前或发病初期 | 0.8% 大黄素甲醚悬浮剂 | 800～1000 倍液 | 喷雾 | 10 |
| | 发病前或发病初期 | 10% 多抗霉素可湿性粉剂 | 800～1000 倍液 | 喷雾 | |
| | 发病前或发病初期 | 29% 石硫合剂水剂 | 6～9 倍液 | 喷雾 | 15 |
| | 发病前或发病初期 | 2% 嘧啶核苷类抗菌素水剂 | 200 倍液 | 喷雾 | 7 |
| | 发病前或发病初期 | 4% 嘧啶核苷类抗菌素水剂 | 400 倍液 | 喷雾 | 7 |
| | 发病前或发病初期 | 50% 肟菌酯水分散剂 | 1500～2000 倍液 | 喷雾 | 14 |
| | 发病前或发病初期 | 80% 硫黄水分散粒剂 | 500～750 倍液 | 喷雾 | 10 |

（续表）

| 防治对象 | 防治时期 | 农药名称 | 使用剂量 | 施药方法 | 安全间隔期（天数） |
|---|---|---|---|---|---|
| 灰霉病 | 发病前或发病初期 | 2 亿 CFU/ 克哈茨木霉菌 LTR-2 可湿性粉剂 | 500 ～ 650 克 / 亩 | 喷雾 | |
| | 发病前或发病初期 | 1 亿 CFU/ 克哈茨木霉菌水分散粒剂 | 300 ～ 500 倍液 | 喷雾 | |
| | 发病前或发病初期 | 10 亿 CFU/ 克解淀粉芽孢杆菌 QST713 悬浮剂 | 160 ～ 240 倍液 | 喷雾 | |
| | 发病前或发病初期 | 20% β - 羽扇豆球蛋白多肽可溶液剂 | 300 ～ 500 倍液 | 喷雾 | |
| | 发病前或发病初期 | 24% 井冈霉素水剂 | 1000 ～ 2000 倍液 | 喷雾 | 14 |
| | 发病前或发病初期 | 0.3% 苦参碱水剂 | 600 ～ 800 倍液 | 喷雾 | |
| | 发病前或发病初期 | 30% 啶酰菌胺悬浮剂 | 300 ～ 900 倍液 | 喷雾 | 3 |
| | 发病前或发病初期 | 43% 啶酰菌胺悬浮剂 | 500 ～ 1000 倍液 | 喷雾 | 3 |
| | 发病前或发病初期 | 50% 啶酰菌胺水分散粒剂 | 500 ～ 1000 倍液 | 喷雾 | 3 |
| | 发病前或发病初期 | 40% 嘧菌环胺悬浮剂 | 400 ～ 700 倍液 | 喷雾 | 7 |
| | 发病前或发病初期 | 50% 嘧菌环胺水分散粒剂 | 600 ～ 800 倍液 | 喷雾 | 7 |
| | 发病前或发病初期 | 40% 嘧霉胺悬浮剂 | 1000 ～ 1500 倍液 | 喷雾 | 3 |

（续表）

| 防治对象 | 防治时期 | 农药名称 | 使用剂量 | 施药方法 | 安全间隔期（天数） |
|---|---|---|---|---|---|
| 灰霉病 | 发病前或发病初期 | 80% 嘧霉胺水分散粒剂 | 2000～3000倍液 | 喷雾 | 3 |
| | 发病前或发病初期 | 30% 吡唑醚菌酯悬浮剂 | 2500～3500倍液 | 喷雾 | 10 |
| | 发病前或发病初期 | 225 克/升异菌脲悬浮剂 | 375～500 倍液 | 喷雾 | 14 |
| | 发病前或发病初期 | 500 克/升异菌脲悬浮剂 | 750～1000倍液 | 喷雾 | 14 |
| | 发病前或发病初期 | 50% 异菌脲可湿性粉剂 | 750～1000倍液 | 喷雾 | 14 |
| 炭疽病 | 发病前或发病初期 | 16% 多抗霉素可溶粒剂 | 2500～3000倍液 | 喷雾 | 7 |
| | 发病前或发病初期 | 0.3% 苦参碱水剂 | 500～800 倍液 | 喷雾 | |
| | 发病前或发病初期 | 0.5% 几丁聚糖水剂 | 100～300 倍液 | 喷雾 | |
| | 发病前或发病初期 | 10% 苯醚甲环唑水分散粒剂 | 800～1300倍液 | 喷雾 | 7 |
| | 发病前或发病初期 | 40% 苯醚甲环唑悬浮剂 | 4000～5000倍液 | 喷雾 | 7 |
| | 发病前或发病初期 | 20% 抑霉唑水乳剂 | 800～1200倍液 | 喷雾 | 60 |
| 白腐病霜霉病黑痘病 | 发病前或发病初期 | 80% 代森锰锌可湿性粉剂 | 500～800 倍液 | 喷雾 | 15 |
| 白腐病 | 发病前或发病初期 | 70% 代森锰锌可湿性粉剂 | 438～700 倍液 | 喷雾 | 15 |

（续表）

| 防治对象 | 防治时期 | 农药名称 | 使用剂量 | 施药方法 | 安全间隔期（天数） |
|---|---|---|---|---|---|
| 白腐病 | 发病前或发病初期 | 250克/升嘧菌酯悬浮剂 | 830～1250倍液 | 喷雾 | 4 |
| | 发病前或发病初期 | 250克/升戊唑醇水乳剂 | 2000～3300倍液 | 喷雾 | 15 |
| | 发病前或发病初期 | 80%戊唑醇水分散粒剂 | 8000～9000倍液 | 喷雾 | 15 |
| | 发病前或发病初期 | 30%苯醚甲环唑悬浮剂 | 4000～6000倍液 | 喷雾 | 7 |
| 黑痘病霜霉病 | 发病前或发病初期 | 22.5%啶氧菌酯悬浮剂 | 1500～2000倍液 | 喷雾 | 7 |
| 黑痘病 | 发病前或发病初期 | 70%代森锰锌可湿性粉剂 | 438～700倍液 | 喷雾 | 15 |
| | 发病前或发病初期 | 10%苯醚甲环唑水分散粒剂 | 800～1200倍液 | 喷雾 | 7 |
| | 发病前或发病初期 | 40%苯醚甲环唑悬浮剂 | 4000～5000倍液 | 喷雾 | 7 |
| | 发病前或发病初期 | 25%嘧菌酯悬浮剂 | 850～1450倍液 | 喷雾 | 4 |
| | 发病前或发病初期 | 40%噻菌灵可湿性粉剂 | 1000～1500倍液 | 喷雾 | 35 |
| 根癌病 | 发病前或发病初期 | 77%硫酸铜钙可湿性粉剂 | 500～700倍液 | 喷雾 | 34 |
| 蚜虫 | 低龄幼虫发生期 | 1.5%苦参碱可溶液剂 | 3000～4000倍液 | 喷雾 | |
| 蓟马 | 低龄幼虫发生期 | 60克/升乙基多杀菌素悬浮剂 | 1000～1500倍液 | 喷雾 | |

（续表）

| 防治对象 | 防治时期 | 农药名称 | 使用剂量 | 施药方法 | 安全间隔期（天数） |
|---|---|---|---|---|---|
| 蚧 | 硬壳形成前 | 25% 噻虫嗪水分散粒剂 | 4000～5000倍液 | 喷雾 | 14 |
| 绿盲蝽 | 低龄幼虫发生期 | 1% 苦皮藤素水乳剂 | 30～40毫升/亩 | 喷雾 | |
| 盲蝽 | 低龄幼虫发生期 | 22% 氟啶虫胺腈悬浮剂 | 1000～1500倍液 | 喷雾 | 14 |
| 毒蛾等 | 低龄幼虫发生期 | 400 亿 CFU/克球孢白僵菌可湿性粉剂 | 1500～2500倍液 | 喷雾 | |
| 杂草 | 萌芽出土后 | 18% 草铵膦可溶液剂 | 200～300毫升/亩 | 定向茎叶喷雾 | |

　　注：农药使用以最新版本 NY/T 393《绿色食品　农药使用准则》的规定为准。

# 绿色防控技术指南

## 1 生产概况

　　白菜为十字花科芸薹属蔬菜，是以绿叶为产品的二年生草本植物，含多种维生素、无机盐及纤维素等营养成分，具有一定的药用价值，是深受大众喜爱的蔬菜。全国白菜种植面积约4000万亩，在河北、河南、山东、内蒙古、辽宁、四川、广西、甘肃、安徽、云南等省份均有较大面积的露地、设施种植。目前，白菜绿色生产中尚存在一些突出问题，例如，病虫为害突出，绿色防控技术不科学完善或某些高效防控技术推广不到位等，影响了白菜的产量及质量，因此，为服务白菜绿色生产，制定其病虫草害绿色防控技术指南如下。

## 2 常见病虫害

### 2.1 病害

　　主要病害：霜霉病（病原为寄生霜霉）、根肿病（病原为芸薹根肿菌）、软腐病（病原为果胶杆菌）、白锈病（病原为白锈菌）、黑斑病（病原为链格孢属）。

次要病害：炭疽病（病原为希金斯炭疽菌）、白粉病（病原为十字花科白粉菌）、病毒病［病原为芜菁花叶病毒（TuMV）、黄瓜花叶病毒（CMV）、烟草花叶病毒（TMV）］。

## 2.2　虫害

主要害虫：小菜蛾、蚜虫（优势种为桃蚜和萝卜蚜）、蛞蝓。

次要害虫：斑潜蝇、菜青虫、夜蛾类和黄条跳甲等。

## 2.3　草害

牛筋草、马唐、马齿苋、旱稗等。

## 3　防治原则

按照"预防为主、综合防治"的植保工作方针，在做好病虫害发生动态监测的基础上，采取达标防治策略，综合采用农业防治、物理防治、生物防治及科学合理的化学防治相结合的综合防控技术，确保白菜安全生产。

## 4　农业防治

### 4.1　选用抗病品种

依据实际情况，因地制宜，选用对霜霉病、根肿病、软腐病、白锈病等病害具有抗（耐）性的品种，种子质量符合相关国家标准的要求。春季栽培选择冬性强、抗性强、耐抽薹、结球率高、高产、抗病的品种，如春抗 50、京春王、春大将、包尖白菜、高春黄 1 号等。夏季栽培宜选择耐热、耐湿、抗病、生育期较短的品种，如夏秋王、夏黄白、夏阳 50、早熟 5 号等。秋冬季栽培宜选择早熟、丰产、抗病品种，如德高早黄白、金黄白系列、中白 65、德高 117 等。

## 4.2  种子处理

直播种子处理：选无病株留种，播种前筛选健壮种子，进行适当晾晒，然后使用 30～40℃温水浸种 4～5 小时，进行种子表面消毒并提高种子的发芽率。

移栽种子处理：选择健壮饱满的种子育苗移栽。对育苗池、育苗盘采用 0.1% 高锰酸钾 500 倍液进行喷洒消毒，消毒完毕后用清水冲洗干净。加强苗床期管理、培育壮苗，减少病虫害来源。

## 4.3  选择播期

不同栽培季节栽培不同品种，依据当地气温和降雨选择播期，避开病虫害发生高峰期。早熟品种适当晚播，中晚熟品种适当早播。

## 4.4  田园管理

### 4.4.1  土壤改良

针对根肿病、软腐病等土传病害，蜗牛、蛞蝓、蛴螬等地下害虫，种植前适当深翻晒垡，增施有机肥和微生物菌肥，使用偏酸性土壤调节土壤 pH 值，改善土壤环境，从源头减少地下害虫及病菌数量。

#### 4.4.2　水肥管理

根据测土配方均衡施肥，增施腐熟有机肥，少施化肥；优选水肥一体化，雨季露地种植注意排水。

#### 4.4.3　病虫残体处理

及时清除病株、带有虫卵的老叶、脚叶，做好田园清洁。

### 4.5　合理轮作

与非十字花科蔬菜进行轮作，有条件的地方可实行水旱轮作。及时间苗、定苗，合理密植，开沟排湿，通风透气。

## 5　物理防治

### 5.1　诱杀害虫

#### 5.1.1　杀虫灯诱杀

利用害虫的趋光性，引诱害虫成虫扑灯，灯外配以电网或水盆等杀虫装置。如用频振式杀虫灯、太阳能杀虫灯、二氧化碳杀虫装置等诱杀田间害虫。

#### 5.1.2　粘虫板诱杀

在白菜生长期，根据害虫发生情况，适时选用规格为25厘米×40厘米的黄色或蓝色粘虫板，每亩悬挂30～40块，随着植株的生长调节粘虫板高度，保证黄蓝板下沿略高于植株顶部叶片，诱杀蚜虫、蓟马等传毒昆虫，每30天更换一次。

### 5.2　防虫网阻隔

通过覆盖防虫网等阻隔害虫，减少菜青虫、小菜蛾等多种害虫的为害。

## 5.3 功能膜防控

在种植区域及周边每隔 12～16 厘米悬挂 1 片银灰膜条或片驱避蚜虫；在白菜种植行带田块间覆盖黑色薄膜，控制杂草产生，减少害虫的中间寄主和转主寄主，控制病虫害的发生。

## 6 生物防治

### 6.1 性诱剂诱杀

在虫害发生初期，将害虫专用性诱剂放置在诱捕器中诱杀成虫。例如，在菜田放置蛾类诱捕器，以单个诱捕器控制 1.0～1.5 亩面积为宜，4～6 周更换一次性诱剂诱芯。

### 6.2 生物药剂防病

防控白菜根肿病，可选择 100 亿 CFU/ 克枯草芽孢杆菌 500～650 倍液进行蘸根、灌根或拌种处理。防控白菜软腐病，可选择喷施 2% 氨基寡糖素水剂 187.5～250.0 毫升 / 亩，或随水冲施 1000 亿 CFU/ 克枯草芽孢杆菌可湿性粉剂 50～60 克 / 亩，或喷施 60 亿 CFU/ 毫升解淀粉芽孢杆菌 LX-11 悬浮剂 100～200 毫升 / 亩，或喷施 2% 春雷霉素可湿性粉剂 100～150 克 / 亩。防控白菜黑腐病，可喷施 6% 春雷霉素可湿性粉剂 25～40 克 / 亩。防控白菜黑斑病，可选择 2% 或 4% 嘧啶核苷类抗菌素水剂按推荐剂量喷雾。氨基寡糖素可兼防病毒病。使用微生物菌剂的直播田块，可考虑采用菌剂拌种播种后持续采用微生物菌剂灌根、喷雾，系统改善作物的生长环境并提升作物抗性，减少化学药剂的使用。

### 6.3　生物药剂防虫

防治小菜蛾，可于小菜蛾幼虫低龄期喷施 8000 IU/ 毫克苏云金杆菌可湿性粉剂 100～300 克 / 亩、10% 多杀霉素水分散粒剂 10～20 克 / 亩或 1% 甲氨基阿维菌素苯甲酸盐泡腾片剂 13～18 克 / 亩。防治蚜虫，可喷施 1% 苦参碱可溶液剂 50～120 毫升 / 亩。防治菜青虫，可喷施 0.5% 苦参碱水剂 60～90 毫升 / 亩。防治斜纹夜蛾，可于斜纹夜蛾幼虫低龄期喷施 100 亿 CFU/ 克金龟子绿僵菌油悬浮剂 20～33 克 / 亩。

### 6.4　天敌昆虫保护

保护瓢虫、食蚜蝇、寄生蜂、弯尾姬蜂等天敌的生存环境，避免在天敌活动高峰期用药。

## 7　化学防治

### 7.1　白菜病害

白菜病害的化学防控应抓住发病前的预防和发病初期的控制，适时科学用药。

#### 7.1.1　霜霉病

发棵期和包心期为易发病时期，加强田间发病情况调查，发病初期或出现中心病株时开始喷药。如遇阴天、多露天气，应隔 5～7 天后继续喷药，连续防治 2～3 次。可选用 40% 三乙膦酸铝可湿性粉剂，每次用量 235～470 克 / 亩。注意中下部叶片和叶片背面是喷施重点。

### 7.1.2 根肿病

连作发病田移栽前使用过磷酸钙或生石灰进行土壤改良。移栽后尽早采用 100 克 / 升氰霜唑悬浮剂 150～180 毫升 / 亩稀释 1500～2000 倍灌根，预防病害发生。

### 7.1.3 软腐病

在常年连作的多发病田块，生长后期白菜封行后，喷施 20% 噻唑锌悬浮剂 100～150 毫升 / 亩预防 1 次。在发病初期，可喷施 20% 噻唑锌悬浮剂 100～150 毫升 / 亩防治，依据病害发生程度可连续用药 2～3 次，每次施药时间间隔 10 天。延迟采收会加重软腐病发生，成熟后及时采收。

### 7.1.4 黑斑病

莲座期到结球期容易发病，当下部叶片有 3～5 个病斑时及时用药剂防治，可选用 10% 苯醚甲环唑水分散剂或 430 克 / 升戊唑醇悬浮剂，于病害严重时每 10 天左右喷药一次，连续用药 2～3 次，每次用药时间间隔 5～7 天，应依据抗药性轮换选择药剂。

### 7.1.5 炭疽病

发病初期或出现中心病株时，选用 250 克 / 升吡唑醚菌酯乳油 30～50 毫升 / 亩喷雾防治，如遇阴天、多露天气，应隔 7 天后继续喷药，连续防治 2～3 次。用药剂喷施白菜叶片，可兼防白菜白锈病和白粉病。

### 7.1.6 病毒病

病毒病的防控以预防为主、治疗为辅，尽量采用生物防治技术。在易发病的苗期加强病毒病的防控，且防病先防虫。可喷施 1% 苦参碱可溶液剂 50～120 毫升 / 亩，8～10 天喷施一次，连续喷施 2～3 次，防治传毒昆虫。

## 7.2　白菜虫害

虫害防控应做好田间管理与监测，在发生初期及为害虫态的低龄期及时施药防治。

### 7.2.1　小菜蛾

小菜蛾在卵孵化高峰至 1～2 龄幼虫时防治效果最佳，3 龄前期取食孔如针尖大小，具有隐蔽性，很难发现，须仔细观察。可采用 240 克/升虫螨腈悬浮剂 14～20 毫升或 30% 茚虫威水分散粒剂 6～9 克/亩喷雾防治，除防治小菜蛾还可兼防甜菜夜蛾、斜纹夜蛾和菜青虫等害虫，注意交替用药。

### 7.2.2　蚜虫

蚜虫多发生在苗期或生长中后期，在蚜虫发生初期，选用15% 啶虫脒乳油 6.7～13.3 毫升/亩、25% 吡虫·辛硫磷乳油15～20 毫升/亩或 22% 氟啶虫胺腈悬浮剂 7.5～12.5 毫升/亩等药剂进行喷施防治，还可兼防黄条跳甲和斑潜蝇。蚜虫繁殖速度快，且容易产生抗药性，防治蚜虫时要注意交替使用药剂，喷雾时喷头向上，重点喷施叶片背面。

### 7.2.3　蜗牛/蛞蝓

蜗牛/蛞蝓可将卵产在杂草、植株的根际土壤周围，白天多潜伏不动，夜间取食，防治蜗牛/蛞蝓要结合除草进行，清理其繁殖场所，在沟边或棚边撒施 6% 四聚乙醛颗粒剂。白菜地里有蜗牛发生时，可局部采用 6% 四聚乙醛颗粒剂 500～700 克/亩撒施于根部土壤防治。

## 7.3 白菜草害

白菜播种或移栽前深耕晒垡，深耕深度大于 30 厘米；白菜生长期间人工拔除地里的杂草，沟边杂草防除采用黑膜覆盖控草等措施。针对局部沟渠杂草较多的情况，可采用 330 克 / 升二甲戊灵乳油 125～150 毫升 / 亩进行土壤喷雾，喷雾时保证土壤湿润，可防控一年生禾本科杂草及部分阔叶杂草。生长期可采用5% 精喹禾灵乳油 40～60 毫升 / 亩，茎叶喷雾防控一年生禾本科杂草，施药后保持土表湿润。

# 附录 A  白菜主要病虫害及其为害症状

白菜主要病虫害及其为害症状如图所示。

白菜霜霉病为害叶片正面（左）和叶片背面（右）症状

白菜根肿病为害根部症状

白菜白锈病为害叶片（左）和叶片背面（右）症状

白菜软腐病为害症状（左）和田间发病情况（右）

白菜炭疽病为害叶柄（左）和叶片（右）症状

蚜虫为害白菜

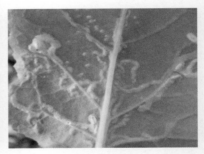

斑潜蝇幼虫（左）及其为害白菜状（右）

黄条跳甲（左）及其为害白菜状（右）

斜纹夜蛾幼虫（左）、成虫（中）及其为害白菜状（右）

蛞蝓成虫（左）及其为害白菜状（右）

# 附录 B　白菜主要病虫草害防治推荐农药使用方案

可用于防治白菜病虫草害的部分药剂及其使用方法详见下表。

**白菜主要病虫草害防治推荐农药使用方案**

| 防治对象 | 防治时期 | 农药名称 | 使用剂量 | 施药方法 | 安全间隔期（天数） |
|---|---|---|---|---|---|
| 霜霉病 | 发病前或发病初期 | 40% 三乙膦酸铝可湿性粉剂 | 235～470克 / 亩 | 喷雾 | 10 |
| 根肿病 | 发病前或发病初期 | 100 亿 CFU/ 克枯草芽孢杆菌可湿性粉剂 | 500～650 倍液 | 蘸根、灌根、拌种。 | |
| | 发病前或发病初期 | 100 克 / 升氰霜唑悬浮剂 | 150～180毫升 / 亩 | 灌根 | 3 |
| 软腐病 | 发病前或发病初期 | 2% 氨基寡糖素水剂 | 187.5～250毫升 / 亩 | 喷雾 | |
| | 发病前或发病初期 | 100 亿 CFU/ 克枯草芽孢杆菌可湿性粉剂 | 50～70 克 / 亩 | 喷雾 | |
| | 发病前或发病初期 | 1000 亿 CFU/克枯草芽孢杆菌可湿性粉剂 | 50～60 克 / 亩 | 喷雾 | |
| | 发病前或发病初期 | 1000 亿 CFU/克枯草芽孢杆菌可湿性粉剂 | 77～84 克 / 亩 | 喷雾 | |

（续表）

| 防治对象 | 防治时期 | 农药名称 | 使用剂量 | 施药方法 | 安全间隔期（天数） |
|---|---|---|---|---|---|
| 软腐病 | 发病前或发病初期 | 60 亿 CFU/ 毫升解淀粉芽孢杆菌 LX-11 悬浮剂 | 100～200 毫升 / 亩 | 喷雾 | |
| | 发病前或发病初期 | 6% 寡糖·链蛋白可湿性粉剂 | 75～100 克 / 亩 | 喷雾 | |
| | 发病前或发病初期 | 2% 春雷霉素可湿性粉剂 | 100～150 克 / 亩 | 喷雾 | |
| | 发病前或发病初期 | 20% 噻唑锌悬浮剂 | 100～150 毫升 / 亩 | 喷雾 | 7 |
| 黑腐病 | 发病前或发病初期 | 2% 春雷霉素水剂 | 75～120 毫升 / 亩 | 喷雾 | |
| | 发病前或发病初期 | 6% 春雷霉素可湿性粉剂 | 25～40 克 / 亩 | 喷雾 | |
| 黑斑病 | 发病前或发病初期 | 2% 嘧啶核苷类抗菌素水剂 | 200 倍液 | 喷雾 | 7 |
| | 发病前或发病初期 | 4% 嘧啶核苷类抗菌素水剂 | 400 倍液 | 喷雾 | 7 |
| | 发病前或发病初期 | 10% 苯醚甲环唑水分散剂 | 35～50 克 / 亩 | 喷雾 | 30 |
| | 发病前或发病初期 | 430 克 / 升戊唑醇悬浮剂 | 15～23 毫升 / 亩 | 喷雾 | 7 |
| 炭疽病 | 发病前或发病初期 | 250 克 / 升吡唑醚菌酯乳油 | 30～50 毫升 / 亩 | 喷雾 | 10 |
| 小菜蛾、菜青虫 | 低龄幼虫发生期 | 8000 IU/ 毫克苏云金杆菌可湿性粉剂 | 100～300 克 / 亩 | 喷雾 | |

（续表）

| 防治对象 | 防治时期 | 农药名称 | 使用剂量 | 施药方法 | 安全间隔期（天数） |
|---|---|---|---|---|---|
| 小菜蛾、菜青虫 | 低龄幼虫发生期 | 8000 IU/毫升苏云金杆菌悬浮剂 | 100～150毫升/亩 | 喷雾 | |
| | 低龄幼虫发生期 | 1.6万 IU/毫升苏云金杆菌可湿性粉剂 | 100～300克/亩 | 喷雾 | |
| | 低龄幼虫发生期 | 100亿 CFU/毫升苏云金杆菌悬浮剂 | 100～150毫升/亩 | 喷雾 | |
| 小菜蛾 | 低龄幼虫发生期 | 10%多杀霉素水分散粒剂 | 10～20克/亩 | 喷雾 | |
| | 低龄幼虫发生期 | 1%甲氨基阿维菌素苯甲酸盐泡腾片剂 | 13～18克/亩 | 喷雾 | 7 |
| | 低龄幼虫发生期 | 5%甲氨基阿维菌素苯甲酸盐水分散粒剂 | 3～5克/亩 | 喷雾 | 7 |
| | 低龄幼虫发生期 | 240克/升虫螨腈悬浮剂 | 14～20毫升/亩 | 喷雾 | 14 |
| | 低龄幼虫发生期 | 50%虫螨腈水分散粒剂 | 10～15克/亩 | 喷雾 | 14 |
| | 低龄幼虫发生期 | 30%茚虫威水分散粒剂 | 5～9克/亩 | 喷雾 | 3 |
| 蚜虫 | 始发期 | 1%苦参碱可溶液剂 | 50～120毫升/亩 | 喷雾 | |
| | 低龄幼虫发生期 | 25%吡虫·辛硫磷乳油 | 15～20毫升/亩 | 喷雾 | 7 |
| | 低龄幼虫发生期 | 15%啶虫脒乳油 | 6.7～13.3毫升/亩 | 喷雾 | 14 |

| 防治对象 | 防治时期 | 农药名称 | 使用剂量 | 施药方法 | 安全间隔期（天数） |
|---|---|---|---|---|---|
| 蚜虫 | 低龄幼虫发生期 | 22% 氟啶虫胺腈悬浮剂 | 7.5～12.5毫升/亩 | 喷雾 | 7 |
| 蜗牛 | 低龄幼虫发生期 | 6% 四聚乙醛颗粒剂 | 500～700克/亩 | 毒土撒施 | 7 |
| 美洲斑潜蝇 | 低龄幼虫发生期 | 4.5% 高效氯氰菊酯乳油 | 40～50毫升/亩 | 喷雾 | 14 |
| 菜青虫 | 低龄幼虫发生期 | 0.5% 苦参碱水剂 | 60～90毫升/亩 | 喷雾 | |
| | 低龄幼虫发生期 | 0.3% 苦参碱水剂 | 62～150毫升/亩 | 喷雾 | |
| | 低龄幼虫发生期 | 0.4% 蛇床子素乳油 | 80～120克/亩 | 喷雾 | |
| | 低龄幼虫发生期 | 0.5% 蛇床子素水乳剂 | 100～120毫升/亩 | 喷雾 | |
| | 低龄幼虫发生期 | 0.3% 印楝素乳油 | 90～140毫升/亩 | 喷雾 | |
| | 低龄幼虫发生期 | 1% 苦皮藤素乳油 | 50～70毫升/亩 | 喷雾 | |
| | 低龄幼虫发生期 | 4.5% 高效氯氰菊酯乳油 | 20～40毫升/亩 | 喷雾 | 14 |
| | 低龄幼虫发生期 | 4.5% 高效氯氰菊酯水乳剂 | 50～70毫升/亩 | 喷雾 | 14 |
| | 低龄幼虫发生期 | 5% 高效氯氰菊酯微乳剂 | 18～36毫升/亩 | 喷雾 | 14 |
| | 低龄幼虫发生期 | 10% 高效氯氰菊酯乳油 | 10～15毫升/亩 | 喷雾 | 14 |

（续表）

| 防治对象 | 防治时期 | 农药名称 | 使用剂量 | 施药方法 | 安全间隔期（天数） |
|---|---|---|---|---|---|
| 甜菜夜蛾 | 低龄幼虫发生期 | 100 亿 CFU/ 克金龟子绿僵菌油悬浮剂 | 20～33 克/ 亩 | 喷雾 | |
| | 低龄幼虫发生期 | 100 亿 CFU/ 克金龟子绿僵菌可分散油悬浮剂 | 20～30 毫升/ 亩 | 喷雾 | |
| | 低龄幼虫发生期 | 150 克/ 升茚虫威悬浮剂 | 14～18 毫升/ 亩 | 喷雾 | 3 |
| | 低龄幼虫发生期 | 30% 茚虫威水分散粒剂 | 7.5～9.0 克/ 亩 | 喷雾 | 3 |
| | 低龄幼虫发生期 | 0.5% 甲氨基阿维菌素苯甲酸盐微乳剂 | 17.5～26.3 毫升/ 亩 | 喷雾 | 3 |
| | 低龄幼虫发生期 | 2% 甲氨基阿维菌素苯甲酸盐可溶液剂 | 15～20 毫升/ 亩 | 喷雾 | 7 |
| | 低龄幼虫发生期 | 3% 甲氨基阿维菌素苯甲酸盐水分散粒剂 | 6.7～8.3 克/ 亩 | 喷雾 | 7 |
| | 低龄幼虫发生期 | 5% 甲氨基阿维菌素苯甲酸盐水分散粒剂 | 3.5～5.0 克/ 亩 | 喷雾 | 7 |
| | 低龄幼虫发生期 | 8% 甲氨基阿维菌素苯甲酸盐水分散粒剂 | 2～3 克/ 亩 | 喷雾 | 7 |

（续表）

| 防治对象 | 防治时期 | 农药名称 | 使用剂量 | 施药方法 | 安全间隔期（天数） |
|---|---|---|---|---|---|
| 一年生禾本科杂草或部分阔叶杂草 | 播种前或移栽前 | 330克/升二甲戊灵乳油 | 125～150毫升/亩 | 土壤喷雾 | 40 |
| 一年生禾本科杂草 | 3～5叶期 | 5%精喹禾灵乳油 | 40～60毫升/亩 | 茎叶喷雾 | 60 |

注：农药使用以最新版本 NY/T 393《绿色食品 农药使用准则》的规定为准。